西安石油大学优秀学术著作出版基金资助

数字岩心技术在测井岩石物理中的应用

赵建鹏　姜黎明　著

中国石化出版社
HTTP://WWW.SINOPEC-PRESS.COM

图书在版编目（CIP）数据

数字岩心技术在测井岩石物理中的应用／赵建鹏，
姜黎明著. —北京：中国石化出版社，2018.12
ISBN 978－7－5114－5134－7

Ⅰ.①数… Ⅱ.①赵… ②姜… Ⅲ.①岩芯分析–应
用–岩体测井–岩石物理学 Ⅳ.①P631.8

中国版本图书馆 CIP 数据核字（2018）第 290241 号

中国石化出版社出版发行
地址：北京市朝阳区吉市口路 9 号
邮编：100020 电话：(010)59964500
发行部电话：(010)59964526
http://www.sinopec-press.com
E-mail:press@ sinopec.com
北京柏力行彩印有限公司印刷
全国各地新华书店经销
*
710×1000 毫米 16 开本 12.75 印张 210 千字
2018 年 12 月第 1 版 2018 年 12 月第 1 次印刷
定价:52.00 元

前　　言

随着国民经济的飞速发展，人们对油气资源的需求日益增加，致密砂岩、碳酸盐岩、火成岩、变质岩、泥页岩、滩坝砂岩等复杂储层油气藏在油气勘探中的地位日趋重要。复杂储层油气藏岩性多样化、岩石矿物类型多样化、储集空间类型多样化、流体分布特征多样化，给岩石物理研究及测井解释评价带来很大挑战。认清储层测井响应机理是储层识别与评价的关键，而岩石物理实验作为研究岩石物理特征的一种主要手段则显得尤为重要。目前，利用常规岩石物理实验研究储层岩心物理特征时存在3个问题：一是对于碳酸盐岩、火成岩、变质岩等容易发育裂缝的储层，获取岩心比较困难，取心率比较低，成本较高，并且在岩心处理过程中，很容易对岩心造成伤害，产生新的次生孔隙空间；二是在研究饱和度与电阻率指数关系时，实验饱和度间隔控制困难，对于致密储层，进行流体驱替非常耗时，并且难以获取低饱和度情况下的岩电曲线；三是常规岩石物理实验难以进行储层岩石微观结构和岩石宏观物理属性间关系的研究。

随着计算机技术的发展，数值模拟已经成为十分经济且有效的科学研究方法，如数值模拟手段代替了核爆炸实验，蒙特卡罗粒子数值模拟代替了大多数放射性测量实验，等等。目前，岩石物理数值模拟已经成为岩石物理研究的重要手段。相比于岩石物理实验，其可以节省大量人力、物力，并且可以在微观尺度上定量考察各种因素对岩石物理属性的影响。另外，岩石物理数值模拟可以计算传统岩石物理实验所无法直接测量的物理性质，如三相相对渗透率等。早期，岩石物理微观数值模拟研究大都基于过于理想化的孔隙微观结构，如何反映真实岩心孔隙结构特征和准确重复实验测量结果，成为岩石物理数值模拟的目标。随着 X 射线 CT 扫描及聚焦离子束 – 扫描电镜（FIB-SEM）技术在岩石物理实验中的应用，可以直接利用 CT 扫描、FIB-SEM 切割扫描等物理实验法，或采用一些数值重建算法构建能够反映储层岩石真实孔隙空间结构特征的数字岩心，然后通过一定的数学物理算法以三维数字岩心为载体进行岩石物理模拟实验，从而计算储层岩石的宏观物理性质（如电阻率、弹性参数、渗透率等），也可以用来模拟岩石微观孔隙结构、裂缝、流体等因素对岩石弹性和电性的影响。三维数字岩心技术建立了岩心微观结构和宏观物理性质之间的桥梁，基于三维数字岩心的岩石物理数值模拟（即数字岩石物理实验）将在岩石物理理论研究和实际应用中发挥重要作用。

本书中有关数字岩心技术的研究过程，得到了中国石油大学（华东）孙建孟教授、刘学锋教授、崔利凯博士、闫伟超博士，中国石油勘探开发研究院西北分院闫国亮博士的大力支持和帮助，在此表示衷心的感谢。

本书组织编写过程中，参考了许多国内外专家、学者的优秀成果，为本书的顺利编写及自有体系的形成提供了不菲的帮助，在此一并表示感谢。

由于作者专业水平所限，书中难免有错误之处，敬请各位读者批评指正。

目　　录

第一章 概　　述

　　研究复杂储层岩石的结构特征对储层岩石电学和声学性质的影响具有非常重要的意义。传统的岩石物理实验很难定量的获取复杂储层的结构特征与岩石电性参数和弹性参数之间的定量关系，而通过数字岩石物理实验技术能够很好的弥补传统岩石物理实验的不足。数字岩石物理实验主要包含两部分，一是建立能够反映储层性质的三维数字岩心，二是采用合适的方法进行岩石物理属性模拟。

　　数字岩心技术是由孔隙结构建模发展起来的，为了研究微观孔隙特征对岩石电性及渗流的影响，许多学者开始将岩石的孔隙拓扑结构抽象为理想的岩石孔隙结构模型，例如毛细管模型、孔隙网络模型。毛细管模型是研究岩石孔隙结构应用较广泛的一类模型，也是提出较早的一类模型。按照其发展历程可以分为：等径平行毛管束模型、不等径平行毛管束模型和串联平行毛管模型。等径平行毛管束模型是将储层岩石孔隙结构近似等效为一束笔直的半径相同的平行毛细管；不等径平行毛管束模型是将岩石孔隙结构近似等效为一束笔直的半径不同的毛细管；串联毛管模型是每根毛管的直径沿轴向以规则或不规则的形式变化。由于毛管束模型仅沿毛细管轴向上导通，因此该类模型具有很强的各向异性。

　　Fatt（1956）在名为 "The network model of porous media" 系列文章中首次提出了 "网络模型" 的概念并就网络模型在多孔介质中的应用进行了详细的阐述。网络模型以毛细管模型为基础上，它将储层岩石的孔隙空间结构利用孔隙体和喉道两部分来表示，并且将储层岩石复杂的孔隙空间结构等效成相互连通的毛管束组成的网状结构。逾渗网络模型是在孔隙网络模型的基础上发展起来的，该模型首先将复杂多孔介质的孔隙空间划分为孔隙和喉道，然后通过一种特定的规则将孔隙和喉道连接起来，使之符合某种特定的拓扑结构，最后运用逾渗理论研究流体在复杂多孔介质中的传导规律。以上模型虽然对认识岩石的传导特性具有重要作用，但是过于简化没有考虑到岩石孔隙空间复杂的几何特征和岩石骨架特征。

　　随着计算机图像处理技术及计算方法的发展和 CT 扫描及聚焦离子束 – 扫描电镜（FIB-SEM）技术在岩石物理实验中的应用，可以直接利用 CT 扫描、FIB-

SEM 切割扫描等物理实验法或数值重建算法构建能够反映储层岩石真实孔隙结构的数字岩心。与孔隙网络模型相比，三维数字岩心不仅能够更加真实地反映岩石的三维孔隙空间结构，并且包含了岩石的骨架特征。基于数字岩心的数字岩石物理实验不仅可以弥补传统岩石物理实验的不足，而且与传统岩石物理实验相比，在样品结构以及实验参数控制方面更加灵活，具有自己独特的优势。

在数字岩心技术研究领域，国外起步比较早，近几年来国内数字岩心技术也获得了很大的发展，经过几年的发展，已形成了三大数字岩石物理实验室，主要有澳大利亚的与挪威的 Lithicon，斯坦福大学的 Ingrain Digital Rock Physics Lab，中国的 iRock Technologies。Lithicon 的前身是 Digitalcore Laboratory 和 Numerical Rocks，其中 Numerical Rocks 是 2004 年从挪威国家石油公司拆分出来的，主要创始人 Øren 和 Bakke；Digitalcore Laboratory 由澳大利亚国立大学（ANU）和新南威尔士大学的专家学者于 2009 年成立的，两家公司在 2013 年合并，随后在 2014 年 FEI 收购了 Lithicon 公司，在 2016 年 Thermo Fisher 又以 42 亿美元的价格收购了 FEI。目前该公司在数字岩心方面提供的服务主要包含以下几方面：基于岩屑或钻井岩心的 X 射线 CT 成像；润湿性与敏感性分析；多相流体流动分析；地层压实及储层损坏方面分析；储层酸化、水驱油及二氧化碳埋存方面分析。斯坦福大学的 Ingrain Digital Rock Physics Lab 基于斯坦福大学的科研团队 30 多年的研究成果由 Amos Nur 和 Henrique Tono 创建于 2007 年，目前该公司提供的服务主要包含以下几方面：①岩心柱高分辨率 3D 动态扫描；②亚毫米分辨率下的密度和有效原子序数测井；③孔隙度、渗透率、声电特性模拟；④孔隙结构分布；⑤毛管压力曲线模拟等，将数字岩心技术扩展到了复杂储层和非常规储层等方面。董虎基于英国帝国理工大学数字岩心小组的研究成果，于 2010 年在中国创建了数岩科技公司（iRock Technologies）。数岩科技致力于为各大油田和石油公司提供数字岩心分析解决方案，利用三维图像分析岩石的物理属性，利用微米 CT 成像获取岩石结构信息，帮助各油田和石油公司制定开发方案，达到提高采收率的目的。

目前这几大国际性的数字岩心公司运行良好，实验分析项目也越来越全面，为各石油公司提供了很多的岩心测试分析服务。

第一节　数字岩心构建方法概况

目前，数字岩心建模方法可以分为两大类，一是借助实验仪器直接获取储层岩石图像的实验方法，例如借助共聚焦激光扫描显微镜（CSLM）、X射线计算机层析成像仪（X-CT）和聚集离子束－扫描电镜（FIB-SEM）等高精度仪器直接获取岩心不同截面的二维图像，之后采用一定的数学方法对二维图像进行三维重建得到三维数字岩心；二是借助随机模拟或地质过程模拟方法间接构建三维数字岩心的数值重建法。数值重建法通过对岩心二维图像进行分析获取建模需要的统计信息（如变差函数、孔隙度、线性路径函数、两点概率函数等），之后采用特定的重建算法建立三维数字岩心，重建的数字岩心与岩心二维图像具有相同的统计特性。

一、物理实验法建立三维数字岩心

用以建立数字岩心的物理实验方法主要可以分为X射线CT扫描法、共聚焦激光扫描法、序列切片成像法。

1. X射线CT扫描法

X射线CT扫描技术是一种应用比较广泛的构建数字岩心的方法，它具有不损坏岩心样品的优点，是一种无损扫描方法，目前已应用于储层岩石孔隙结构定量分析、孔隙度和渗透率计算、剩余油分布研究、储层毛管压力和流体饱和度分析、微观孔隙结构非均质性评价、储层伤害评价、驱替实验观测等领域。在1991年，Dunsmuir等将CT扫描技术发展并应用于石油领域，构建了微米分辨率的Berea砂岩数字岩心，并对X射线源类型、操作模式、三维重建算法、数据三维显示做了比较基本的阐述。Rosenberg E（1999）利用X射线CT扫描得到了Fontainebleau砂岩的数字岩心。Arns也通过X射线CT扫描得到了分辨率为5.68μm/像素的Fontainebleau砂岩的三维数字岩心，随后又建立了碳酸盐岩的二维数字岩心。Gelb等（2011）利用亚微米分辨率的X射线CT（VersaXRM）和纳米分辨率的X射线CT（UltraXRM）构建了泥页岩数字岩心。Yang等（2013）采用能量为35KeV与45KeV双能X射线CT和数据约束模型构建了方解石胶结的砂岩数字岩心，可以得到胶结物的空间分布。Wang等（2013）采用25KeV与35KeV双能X射线CT和数据约束模型建立了石灰岩数字岩心，并将骨架分为了方解石和白云石两部分。国内姚艳斌等（2010）利用能量为ACTIS-225FFiCT/DR/RTR微焦点X射线工业CT扫描仪扫描得到了煤的数字岩心并对煤的有效孔隙度、孔径分布、孔裂隙类型进行了定量表征。

目前主要有两种类型的微CT扫描系统用于构建储层岩石的数字岩心，一种是使用工业X射线发生器产生X射线的台式微CT扫描系统；另一种是采用同步加速器作为 X 射线发生器的同步加速微 CT 扫描系统。虽然现在先进的台式微 CT 扫描系统可以获得分辨率为 5um 甚至更高分辨率的数字岩心，但是文献中高质量的数字岩心都是用同步加速微 CT 扫描系统获得的。澳大利亚国立大学于 2004 年建立了数字岩心实验室，应用自制的微 CT 扫描系统对数字岩心构建技术进行了广泛深入的研究，构建了直径为 5cm，最大视域为 55mm，分辨率小于 $2\mu m$ 的柱塞岩心的数字岩心。柱塞岩心数字岩心的体素数为 2048^3，利用 128 个节点的并行机群运算了 4h。为澳大利亚国立大学 XCT 实验室应用自制 CT 扫描系统得到的砂岩和碳酸盐岩的数字岩心。

对于疏松砂岩数字岩心的构建，一般台式微 CT 扫描系统的分辨率已经足够胜任；对于致密岩石和碳酸盐岩，由于孔隙尺寸在亚微米级，需要应用同步加速微 CT 扫描系统。但是，由于同步加速仪器价格昂贵，不适合工业应用，随着 CT 技术的发展和计算机处理能力的提高，可以克服台式微 CT 扫描系统分辨率不足的问题。目前，美国 Xradia 公司生产的台式微 CT 扫描系统的分辨率已经可以达到 30nm。关于应用 X 射线 CT 扫描方法构建数字岩心的基本原理在第二章详细介绍。

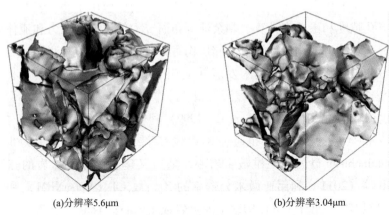

(a)分辨率5.6μm　　　　　　　　　　　(b)分辨率3.04μm

图 1-1　澳大利亚国立大学 XCT 实验室应用自制的微
CT 扫描系统得到的砂岩和碳酸盐岩的数字岩心

2. 共聚焦激光扫描法

共聚焦激光扫描显微镜最初应用在生物科学领域，在 20 世纪 90 年代开始应用于石油工程领域，用来研究储层岩石的孔隙网络。共聚焦激光扫描法建立三维数字岩心的基本过程可以分为以下几步：①将预处理后的岩样注入掺有荧光剂的环氧树脂；②采用激光扫描仪器照射岩心，在聚焦区域内的染色颗粒会产生荧光并被光电倍增器探测到；③通过计算机精确控制监测区域，通过沿着表面和不同深度的移动扫描，可以得到一定尺度的三维数字岩心。Fredrich 等（1995）曾采用该方法建立了数字岩心。Petford 等（2001）应用 Bio-Rad MRC 800 共聚焦激光扫描显微镜建立了砂岩的数字岩心，如图 1-2 所示，其中灰色部分为孔隙，骨架透明。Shah 等（2013）详细介绍了共聚焦激光扫描过程中碳酸盐岩岩样的制备方法。采

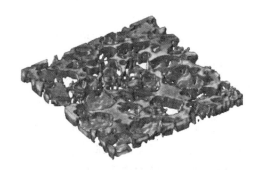

图 1-2　共聚焦激光扫描法构建的砂岩数字岩心
（灰色部分为孔隙，透明部分为骨架）

用聚焦扫描法可以得到分辨率为亚微米级的数字岩心图像，但是该方法构建的三维数字岩心厚度比较薄，在实际研究中较少应用。

3. 序列切片叠加成像法

序列切片叠加成像方法是将岩心截面用氩离子刨光后采用高分辨率照相仪器进行成像；然后切割掉一层表面，重新进行成像；如此重复，就可以得到一系列连续的二维切片图像；将所有图像按照扫描顺序进行叠加配准及校正就可以得到三维可视化的数字岩心。聚焦离子束 - 扫描电镜（FIB-SEM）技术是一种比较典型的序列切片叠加成像法，通过 FIB-SEM 技术获取三维数字岩心的流程图如图 1-3 所示。FIB-SEM 技术是 SEM 扫描电镜与 FIB 聚焦离子束的结合，打破传统的二维扫描电镜成像与单一的聚焦离子束刻蚀，利用扫描电镜成像与聚焦离子束切割，将二者结合起来用于样品内部三维立体成像。

图 1-3　FIB-SEM 构建数字岩心流程图

FIB 聚焦离子束技术是把离子束斑聚焦到亚微米甚至纳米级尺寸，通过偏转系统实现微细束加工。SEM 扫描电子显微镜技术是利用高能电子与物质的相互作用，在样品上产生各种信息，如二次电子、背反射电子、俄歇电子、X 射线、阴极发光、吸收电子和透射电子等，这些信号通过探测器按顺序、成比例地转为视频信号，经过放大，调节光点亮度，形成了扫描电镜图像，图像分辨率可以达到纳米级。图 1-4 为采用 FIB-SEM 技术构建的泥页岩的三维数字岩心。FIB-SEM 方法可以得到高分辨率的三维数字岩心（可以达到纳米级），但是由于建立数字岩心过程中需要大量的离子剖光和电子扫描处理，因此花费的时间比较长，而且建立数字岩心的尺度比较小。

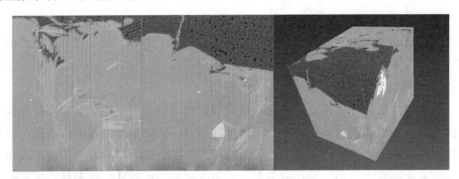

图 1-4　FIB-SEM 构建的泥页岩数字岩心

二、数值重建法建立三维数字岩心

物理实验法构建三维数字岩心费用昂贵、耗时并且在储层非均质性较强时难以获得代表储层特征的数字岩心。数值重建法可以根据储层特征按需构建数字岩心，可以随需求调整参数，得到不同孔隙结构特征的数字岩心，与物理实验法相比具有一定的灵活性。在实际应用中，有关岩心微观孔隙结构的信息多局限于二维薄片数据，数值方法重建数字岩心就是通过对岩心二维薄片信息进行统计分析，采用数值模拟方法来重建三维数字岩心，目前主要包括随机模拟法和过程法。随机模拟方法主要有高斯场法、模拟退火法、顺序指示模拟方法、多点地质统计学方法和马尔科夫链方法。

1. 随机模拟法建立数字岩心

1974 年，Joshi 首次提出了构建数字岩心的高斯随机场法，该方法基于去顶高斯随机场，通过分析岩心铸体薄片，以岩心二维薄片孔隙空间的统计特性（孔隙度、两点相关函数）作为约束条件来构建了二维数字岩心。Quiblier（1984）

对 Joshi 算法做了进一步发展和改进，构建了三维数字岩心。Alder（1990）用 Quiblier 改进后的算法建立了枫丹白露砂岩的三维数字岩心。Ioannidis 等（1995）在 Quiblier 算法的基础上做了更深入的研究，在三维数字岩心构建过程中引入了快速傅立叶变换（FFT）方法，使重建三维数字岩心的速度有所提高。但是，仅用岩心孔隙度和自相关函数作为约束条件构建数字岩心不足以反映整个孔隙空间的结构特征，为了更好的反映孔隙空间的结构特征，Hilfer（1991）引入了局部孔隙度分布函数和局部渗流概率分布函数，Torquato 和 Lu（1993）引入孔隙尺寸分布函数来反映孔隙结构特征。这些函数的引入丰富了建模信息，提高了数字岩心建模的质量，但是，高斯法构建的数字岩心孔隙空间连通性依然很差。

1997 年，Hazlett 提出了模拟退火的方法，该算法在构建三维数字岩心过程采用孔隙度、两点概率函数、线性路径函数作为约束条件，在三维数字岩心重建过程中可以将反应岩石孔隙空间结构的更多的信息考虑进来，因此重建的三维数字岩心相比高斯场法更加接近真实岩心的孔隙空间结构。赵秀才（2007）也用模拟退火法构建了三维数字岩心，并用格子玻尔兹曼方法对数字岩心的连通性进行了评价，模拟退火法构建的数字岩心具有良好的各向同性，但是孔隙连通性与真实岩心相比偏低。模拟退火方法在数字岩心构建过程中可以引入任意的统计属性作为建模约束条件，但是随着约束条件的增多，重建过程变慢。

2003 年，Keehm 开发了构建数字岩心的顺序指示模拟（SISIM）算法。此后，朱益华和陶果等（2007）、刘学锋和孙建孟等（2008）也对顺序指示模拟算法进行了研究，该方法以岩心二维切片图像作为训练图像，利用反映岩石二维图像的孔隙度和反映岩石空间结构差异性的变差函数作为约束条件，利用地质统计学中的顺序指示模拟算法构建三维数字岩心。虽然重建的数字岩心与输入的二维图像具有相似的变差函数曲线，但是由于未能从根本上解决孔隙连通性的问题，该方法构建的三维数字岩心孔隙连通性依然较差。

2004 年，Okabe 和 Blunt 采用多点地质统计学方法构建了贝雷砂岩的数字岩心。该方法以岩心的二维切面图像作为训练图像，使用 9×9 的模板对统计并存储岩心切片图像中的孔隙空间结构信息，提取训练图像的孔隙和骨架点作为条件数据，并把统计得到的信息充分反映到所建的数字岩心中。该方法重建的数字岩心具有良好的长程连通性，图 1-5（b）为他们构建的 Berea 砂岩的数字岩心，与采用 CT 扫描方法建立的 Berea 砂岩的数字岩心［图 1-5（a）］相比，具有相似连通特征。但是该方法具在构建训练图像时只是通过旋转二维图像获得三维情况下的条件概率分布函数，并没有获得真正的三维训练图像，因此只适应于各向同性数字岩心的建立。张丽和孙建孟等（2012）也应用多点地质统计方法构建了枫丹白露砂岩的数字岩心并用局部孔隙度函数和局部渗流概率函数对该方法的准确性进行了评价。

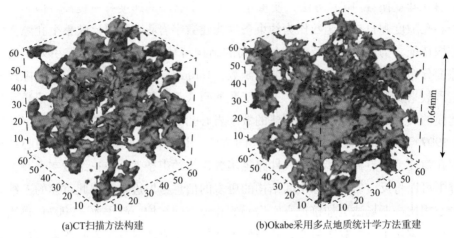

(a)CT扫描方法构建   (b)Okabe采用多点地质统计学方法重建

图 1-5   Berea 砂岩的数字岩心（有色部分为孔隙，透明部分为骨架）

Wu 等提出了构建三维数字岩心的马尔科夫链蒙特卡洛方法（MCMC），该方法以马尔可夫随机滤网统计模型为基础，利用三个相互垂直的独立的二维图像作为训练图像，对每一个二维图像求取条件概率，然后利用三个方向的条件概率加权逐层遍历重构，从而重建三维数字岩心。该方法建立的三维数字岩心隙连通性较好，建模速度较快。

除马尔科夫链法，上述随机法都只能构建各向同性的岩心，在非均质性较强的复杂储层数字岩心构建上具有一定的局限性。

2. 过程模拟法建立数字岩心

与随机模拟方法重建数字岩心的思路不同，Øren 和 Bakke（1997）提出了模拟岩石颗粒沉积过程构建数字岩心的方法。该方法首先通过资料分析获取岩石的粒度信息，通过粒度信息得到岩石颗粒半径，然后通过对岩石地质形成过程的主要阶段（沉积过程、压实过程、胶结过程）进行模拟建立数字岩心。应用此方法，他们重建了枫丹白露砂岩的数字岩心（图 1-6），就形态学属性来说，过程模拟方法重建数字岩心的两点相关函数、局部孔隙度分布和局部渗流概率与 CT 扫描方法构建的数字岩心非常吻合。就岩石物理属性来说，过程模拟方法重建数字岩心的渗透率和地层因素与 CT 扫描方法构建的数字岩心也比较吻合。因此过程模拟法所构建三维数字岩心具有很好的连通性，可以重现真实岩石的几何特性和传导特性。但是，由于该方法无法模拟复杂储层岩石的成岩过程，因而不适用这类岩石的建模，比如火成岩、碳酸盐岩、变质岩等。刘学锋和孙建孟等使用过程法和模拟退火法相结合的方法建立了枫丹白露砂岩的数字岩心，该方法以过程法构建的数字岩心作为模拟退火法的输入，与传统的模拟退火算法相比，该方法建模速度快，与真实岩心具有相似的均质性和孔隙连通性。

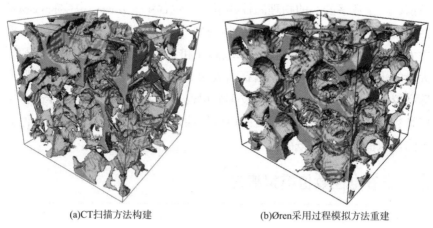

(a)CT扫描方法构建　　　　　　　　(b)Øren采用过程模拟方法重建

图1-6　Fontainebleau 砂岩的数字岩心（灰色部分为孔隙，透明部分为骨架）

第二节　岩石声电属性模拟方法概况

目前，以数字岩心为载体的岩石物理属性数值模拟引起了国内外石油技术专家越来越多的关注。岩石物理属性数值模拟最关键也是最基本的问题是所构建的岩石物理数字模型是否能够真实有效地反映储层岩石的孔隙结构特征。随着数字岩心建模技术的发展，数值模拟手段也有了相应的进展。与传统的岩石物理实验手段不同，基于三维数字岩心的岩石物理属性数值模拟具有以下几个优点：

（1）计算速度快、费用低：三维数字岩心一旦建立，便可重复使用，得到常规岩石物理实验和特殊岩石物理实验的数据比实验室快得多。对于一些在实验室中需要1~2月完成的特殊岩石物埋实验，通过数字岩心数值模拟可以在短时间内完成。

（2）测试样品选择灵活：常规实验室的分析需要高质量的柱塞岩样。数字岩心技术可以对从岩屑、疏松砂岩、老岩心、破损岩心和井壁取心等几乎所有的岩心样品进行三维数字岩心构建及数值模拟分析，可在一定程度上利用数字岩石物理实验代替传统岩石物理实验。

（3）可控性强：数字岩心技术可以根据需要调整数字岩心的微观参数，利用数字岩石物理实验有利于认识岩石微观参数对储层宏观物理属性的影响。

（4）绿色环保：数字岩心技术在数值模拟过程中无需使用对环境有影响的化学试剂。

目前，基于数字岩心的物理属性模拟主要包含4个方面：电学特性模拟、声学特性模拟、渗流特性模拟和核磁特性模拟。国外，英国帝国理工大学、澳大利亚国立大学、斯坦福大学等高校以及 Ingrain 和 Lithicon 等公司从本世纪初开始进行了大量的研究工作。国内，中国石油大学（华东）、中国地质大学、西南石油大学等高校以及数岩科技、三英科技等公司也开展了相应的研究工作。本书主要基于三维数字岩心研究了储层岩石的声电特性，下面主要从电性和弹性两方面介绍岩石物理数值模拟方法概况。

一、岩石电性数值模拟概况

1942 年，阿尔奇（Archie）建立了确定纯砂岩地层含水饱和度的实验模型，将电阻率测井与孔隙度测井有效联系起来，奠定了测井储层评价的基础，具有划时代的意义。由于地层水和油气在电性特征上具有明显差异，电法测井是储层评价和流体识别的一种基本的测井手段。早期，Wang、Suman 以及国内的毛志强等利用三维孔隙网络模型研究了润湿性和孔隙结构对含油气岩石电阻率的影响。王克文和孙建孟等利用逾渗网络模型分析了储层岩石孔隙结构、润湿性、不同地层水矿化度下泥质对储层岩石电性特征的影响规律，随后又研究了不同孔渗岩心的电性特征。英国帝国理工大学数字岩心研究小组利用"最大球法"提取数字岩心孔隙网络拓扑结构获得球管模型，基于球管模型开展了渗流模拟和核磁响应模拟。与以上模型不同，数字岩心可以更加真实的反映岩石的孔隙空间，基于数字岩心可以直接计算岩石物理参数。目前基于数字岩心的电性数值模拟采用的方法主要分为4类：随机游走法、格子气自动机与格子玻尔兹曼法、基尔霍夫电路节点法、有限元法。

1. 随机游走法

随机游走方法模拟岩石电性的基本思路是基于稳定状态下分子的扩散和电流传导现象之间的相似性，从而推导出电学参数能够用空间迂曲度表示。Clennell（1997）论述了迂曲度的概念并指出了扩散迂曲度与电流迂曲度之间的相似性，为利用随机游走模拟岩石电性奠定了理论基础。Toumelin（2005）建立了颗粒堆积模型并采用随机游走法模拟了该模型下的电学特性，分析了含油饱和度和润湿性对岩石电性的影响。国内孔强夫等（2016）在前人研究的基础上利用随机游走法对高孔高渗岩心进行了电性模拟，并与理论计算结果进行了对比。在考虑骨架导电矿物的情况下，随机游走法建立的扩散迂曲度与电流传导迂曲度之间的关系和实际电流导电之间存在一定的差距，同时对复杂的边界条件没有给出很好的定义，这势必会对模拟的结果造成很大的影响。

2. 格子气自动机与格子玻尔兹曼法

该方法是基于电流流动与流体流动的相似性，Küntz（2000）通过比较欧姆定律和达西定律发现，如果用电荷代替流体粒子，用电场强度代替压力梯度，那么两定律公式的形式几乎是相同的，这说明在忽略重力影响时，电流的流动与流体的流动有着相似的规律，由此开展了应用格子气自动机进行岩石电性研究的先河。国内以岳文正和陶果等（2004，2005）为代表率先利用二维格子气自动机模型研究了多孔介质的电传输特性。针对格子气自动机模拟存在统计噪声问题，岳文正（2005）引入格子玻耳兹曼方法计算了混合物的整体电导率。2011 年，岳文正利用储层岩心薄片资料建立数字岩心模型，结合格子气自动机技术揭示了不同泥质含量和泥质分布形式对孔隙介质导电特性的影响，建立了饱和度指数和泥质含量之间的关系模型。但该方法在多相流体饱和的数字岩心电性模拟方面需要进一步完善，并且该方法计算量大、数值模拟速度慢。

3. 基尔霍夫电路节点法

国内外学者在三维数字岩心的基础上利用基尔霍夫电路节点法进行电性参数模拟的研究相对较少，国内周灿灿（2013）率先利用这种方法得到了复杂砂岩的岩电关系曲线。基尔霍夫方法是通过简化为孔隙、喉道的三维孔隙网络模型建立方程组计算电阻率，每一节点上电流的方向是确定的，具体取决于与孔隙连接的喉道个数。由于该方法是在数字岩心基础上对孔隙空间进行的简化，因此未能考虑孔隙空间的复杂性和导电矿物的影响。

4. 有限元法

与以上述方法不同，Garboczi（1998）首次提出了计算复杂材料有效电导率的有限元法和有限差分法，该方法具有完整的理论基础，是一种较为经典的方法，对不规则区域适应性强，模拟精度较高，并且可以研究骨架矿物对岩石电性的影响。Arns（2001）等基于三维 CT 扫描构建的数字岩心，他们选取了孔隙度为 7.5% 、13% 、15% 、22% 的四块枫丹白露砂岩岩心就行 CT 扫描，扫描分辨率为为 5.7μm/像素点，并利用有限差分方法（FDM）模拟了 Fontainebleau 砂岩的电阻率，模拟结果与实验结果吻合较好，证明了有限差分在数字岩心电性计算中的有效性，但研究中只考虑了完全水饱和状态下的岩石电阻率，没有对含油气岩石电电阻率展开研究。Knackstedt（2007）等基于数字岩心利用数学形态学算法和有限元方法结合计算了复杂岩性岩石的饱和度指数，在研究中选取了 12 块岩心样品，包括胶结的玻璃砂、均质的固结以及非固结的砂岩、白云岩，非均质的碳酸盐岩。国内孙建孟和刘学锋（2009）等也利用数学形态学算法和有限元方法相结合，基于三维数字岩心研究了油层岩石的电阻率特性，分析了润湿性、孔隙结构、黏土含量、矿化度等对岩石电性的影响规律。姜黎明（2011）在前人研究基础上基于数字岩心对天然气储层岩石电性特征进行了研究。赵建鹏和孙建孟（2013，2014）在前人研究基础上分别研究了裂缝性岩心和层状岩心的电性特征和各向异性特征，将数字岩心技术推广到非均质岩心电性研究方面。聂昕（2014）基于蒙特卡洛马尔科夫链（MCMC）方法构建了泥页岩数字岩心并研究了完全饱和水和完全饱和气条件下岩心的电性特征，对页岩气储层的电性研究迈出了重要一步。

二、岩石弹性数值模拟概况

储层岩石的纵横波速度、弹性模量等声学参数在地球物理勘探与储层评价等方面具有重要意义。了解岩石骨架、孔隙和流体之间的相互作用和它们对岩石弹性的影响规律对地球物理资料的解释具有至关重要的作用。传统的岩石物理实验难以定量研究储层微观结构信息对岩石声学参数的影响。为了基于岩石微观结构信息精确计算储层的岩石弹性特征，需要 3 个方面的要求：①一个能表征储层微观结构的有效模型；②构成模型中各个组分的弹性参数；③在大型三维网格上计算弹性参数的算法。目前，岩石弹性微观数值模拟方法主要有声格固体模型法、点阵 Boltzman 声格固体模型法、有限差分法、有限元方法。Mora 和 Maillot（1990，1991）提出模拟地震纵波的声格固体模型法，该方法运用格子气细胞起动机模型来模拟弹性波包（声子）在离散网格上的碰撞与传播。该方法通过将声子在离散网格上用布尔变量描述，它可以模拟弹性波包在离散网格上的传播和相互作用。在 1992 年，Mora 在声格固体模型基础上提出了点阵 Boltzman 声格固体模型，该方法不直接处理声子本身，而是通过处理声子数密度，用 Boltzman 传输方程的有限差分公式来模拟声子传播过程，用修正的碰撞项来模拟声子之间的相互作用。他在波尔兹曼方程中引入了散射项，利用粒子碰撞过程的粒子数守恒、能量守恒和动量守恒条件以及连续性压力边界条件，在宏观极限下导出了质点位移速度所满足的方程，该方程与声波方程具有相同的形式，这表明宏观波场是微观粒子运动及相互作用过程的统计平均表现。Buick（1998）采用 D2Q7 格子玻尔兹曼模型对声波的衰减特性进行了模拟研究，得到了声场介质的速度随时间的衰减规律，并与理论获得的相关频率和衰减系数具有很好的吻合性。Raul del Valle-Garca（2003）利用声格子方法模拟了声波在孔隙介质中的传播。Saidi（2013）采用 D2Q9 格子玻尔兹曼模型和反弹边界条件模拟了声波的传播和反射问题。尽管声格子方法能够准确模拟声波在孔隙介质中的传播，但由于该方法的计算量巨大，目前还只限于二维数值模拟研究。随着计算机技术的发展可以基于微观结构的数字模型来直接求解线性弹性方程，从而得到岩石的弹性参数。Garboczi（1995）提出了基于数字图像采用有限元计算复合材料弹性参数的方法。Arns（2002）首次基于 CT 扫描数字岩心利用有限元方法计算了枫丹白露砂岩的剪切模量、体积模量和纵波速度，并将数值模拟结果与实验结果进行了对比，证明了有限元方法在数字岩心弹性参数计算方面的可行性。Roberts（2002）利用有限元的方法计算了随机多孔材料的弹性性质，结果表明在整个孔隙度范围内，多孔材料的杨氏模量不依靠于固体相的泊松比。Makarynska（2008）等基于数字岩心技术用有限元的方法研究了气水饱和岩石的体积模量，并把计算结果与低频 Gassmann-Wood 方程和高频 Gassmann-Hill 方程进行了比较，发现岩石均匀饱和情况下计算结果与低频 Gassmann-Wood 方程计算结果比较相近。Ringstad（2013）对中东地区大型碳酸盐岩油气田中取得的 100 多块碳酸盐岩岩心进行了 CT 扫描，获取了不同尺度和分辨率的碳酸盐岩数字岩心并用有限差分法计算了包括纵横波在内的弹性参数，数值计算结果与实验结果一致。国内，张晋言和孙建孟（2012）基于三维数字岩心用有限元的方法计算了干岩样、完全饱和岩样和部分饱和岩样的弹性模量，并把数值模拟结果与理论和试验分别做了比较，验证了基于三维数字岩心预测岩石弹性性质的可靠性与精确性。姜黎明（2012）等基于三维数字岩心，对岩石的弹性模量、纵横波速度、拉梅常数、泊松比等参数随不同含气饱和度变化规律进行数值研究，将各弹性参数随含气饱和度的变化率进行比较，发现对天然气饱和度变化最敏感的参数是拉梅常数，其次是泊松比、体积模量和纵横波速度比等。该研究有助于选取对天然气饱和度变化敏感的参数计算储层的含气饱和度，从而提高计算精度。孙建孟（2014）等为研究裂缝及流体性质对低渗透储层弹性参数的影响规律，采用 X 射线 CT 扫描技术构建低渗透储层岩石的 3 维数字岩心，应用图像处理算法加入定向排列的平行便士状裂缝，形成横向各向同性数字岩心，采用扩展的有限元方法计算含有裂缝的数字岩心的弹性模量，分析裂缝及流体性质对其弹性模量的影响规律。章海宁（2014）等结合岩石颗粒粒径分布，通过过程模拟法构建三维数字岩心，利用有限元方法研究了岩石颗粒尺寸比、颗粒大小以及颗粒分选性对岩石弹性特性的影响，结果表明岩石颗粒的大小、分选性均会对岩石的物性以及孔隙结构产生影响，引起岩石弹性模量和纵横波速度的变化。赵建鹏（2014）等采用过程模拟法构建了三维数字岩心，利用有限元方法研究了胶结物均匀生长、沿孔隙生长和沿喉道生长3种胶结方式对岩石弹性的影响规律，结果表明岩石颗粒胶结方式会影响岩石刚性，引起岩石弹性模量的变化。在相同孔隙度下，胶结物沿喉道生长形成的岩石抗压性最强,,沿孔隙生长形成的岩石抗压性最弱，3种胶结方式下岩石弹性模量随着胶结物含量增加而增大，变化率近似相等。朱伟（2016）等将数字岩心线弹性静力学有限元模拟算法分解为在 CPU 和 GPU 上执行的两个部分，由 CPU 负责协调控制，GPU 负责大规模数值计算，实现 CPU-GPU 异构并行计算，获得计算效率提升。采用该并行算法计算孔隙数字岩心、裂缝数字岩心和裂缝—孔隙数字岩心的弹性模量，得到的弹性模量—孔隙度关系符合一般的岩石物理规律。CPU-GPU 异构并行的线弹性静力学有限元模拟能够迅速计算大量数字岩心的弹性模量，提供相当于物理实验的"观测数据"，对岩石物理学研究具有重要的意义。用最新的数字岩石物理手段，结合扫描电子显微镜成像、页岩矿物质组分定量确定和有限元数值模拟等方法，通过模拟页岩数字岩心在线弹性范围内的应力应变的响应过程，计算出页岩数字岩心的有效弹性参数，并通过对不同尺寸计算区域的模拟计算结果进行比较，验证了此方法的取样代表性。模拟计算结果与实际测井数据比对也证实了此方法的有效性。

第二章 数字岩心构建方法

第一节 X射线CT建立三维数字岩心的方法

岩石声电物理属性模拟最首要的是构建能够反映岩石真实孔隙和骨架空间结构的微观模型。X射线CT是构建三维数字岩心应用最广泛的一种物理实验方法，它是一种无损的成像方法，能够无损伤的成像岩石的内部空间结构。

一、X射线CT扫描获取投影数据的基本原理

目前常用于岩石等多孔介质扫描成像的微CT系统有两种：一种是应用工业X射线发生管的桌面微CT系统；另一种是同步加速X射线CT系统。桌面CT系统和同步加速CT系统组成基本相同，主要包括：X射线发生装置、载物台、CCD图像传感器、计算机处理系统，如图2-1所示。X射线发生装置用来发射X

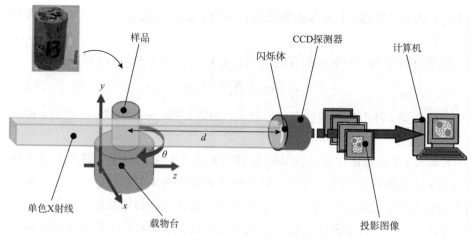

图2-1 X射线CT扫描系统基本构成示意图

射线扫描岩心，载物台用于固定岩心并在扫描过程中对岩心进行旋转，CCT 图像传感器用于将样品衰减后的 X 射线信号转变成电信号，经外部采样放大及模数转换电路转换成数字图像信号，计算机处理系统用于存储并处理扫描的图像。

CT 扫描实验的步骤包括：①准备待扫描样品，一般从柱塞岩心上直接钻取；②固定样品并检查样品放置位置是否合适；③启动 X 射线源，在给定的时间内获取图像，避免 CCD 过度曝光；④关闭 X 射线光束，得到 5 张暗场图像（没有 X 射线照射时获得的样品图像），用来校正原始图像；⑤设定实验参数，包括：初始角，终止角，角度增量和白场频率，然后重新开启光束，从初始角到终止角按设定的角度增量旋转样品并获取图像；⑥计算机存储扫描获得的图像，当样品旋转角度达到终止角（一般为 180°或 360°）后结束实验。

当 X 射线穿越岩心样本时，与岩心内部电子作用会产生电子对效应、康普顿效应、光电效应等一系列复杂的物理过程，由于部分 X 射线被岩心内部电子反射、散射以及吸收，使得 X 射线能量强度发生衰减。X 射线的吸收系数与构成岩心样品的组分有关，一般来说岩心吸收 X 射线的多少，取决于岩心中各种组分的密度，因此可以通过确定岩心对 X 射线的吸收系数来判定岩心各部分的密度大小关系。X 射线透过单组分材料时的衰减规律可以通过 Beer 定律表示：

$$I = I_0 \cdot \exp(-\mu\rho x) \qquad (2-1)$$

式中，I 为衰减后的 X 射线强度；I_0 为初始的 X 射线强度；μ 为材料的线性衰减系数；ρ 为材料的密度；x 为材料在 X 射线透过方向上的长度。

衰减系数 μ 是原子数和 X 射线波长的函数，可以表示为：

$$\mu = KZ^m\lambda^n \qquad (2-2)$$

式中，Z 为原子序数；λ 为 X 射线波长；m 为常数，一般取 4；n 为常数，取值为 $2.5 \sim 3$。

如果材料是由多种组分构成的（如岩心），式（2-2）可以写为：

$$I = I_0 \cdot \exp\left[\sum_i (-\mu_i\rho_i x_i)\right] \qquad (2-3)$$

式中，μ_i 为第 i 种组分的线性衰减系数；ρ_i 为第 i 中组分的密度；x_i 为第 i 种组分在 X 射线透过方向上的长度。

X 射线 CT 成像原理就是以 Beer 定律为基础，由 X 射线发生器产生的 X 射线从不同角度照射样品，测量并记录经由样品衰减后的 X 射线能量，将样品衰减后的 X 射线信号转变成电信号，经外部采样放大及模数转换电路转换成数字图像信号，经过计算得到样品各个层面对应的吸收系数，最后经过计算机处理得到三维图像。

二、CT 投影数据构建图像的方法

如何利用投影数据构建扫描图像是 CT 成像技术的核心，构建图像的本质是通过 CCD 探测器接收的投影数据反求出图像矩阵各像素点的吸收系数。图像重建算法有多种，但大致可以分为两类：变换法和级数展开法。在 CT 成像技术中，滤波反投影算法是 CT 图像重建应用最广泛的一种算法，属于变换法范畴。目前该技术也广泛应用在 MRI、PET、SPECT 等系统的图像重建，该方法具有空间和密度分辨率高、重建速度快等优点，因此滤波反投影技术在图像重建过程中有着非常重要的应用。

由于投影数据是样品某端面的线性衰减系数分布函数沿射线滤镜的积分值，即 Radon 变换，因此吸收系数可以通过 Radon 反变换直接得到，另一种方法是由傅里叶变换和投影定理导出。设 $p(t,\theta)$ 最高空间频率为 B，滤波（卷积）反投影的公式可以写为：

$$f(x,y) = \int_0^\pi g(t,\theta)\,d\theta \qquad (2-4)$$

其中，

$$g(t,\theta) = \int_{-\infty}^{+\infty} P(\rho,\theta) \cdot |\rho| \cdot \exp(2\pi i\rho t)\,d\rho \qquad (2-5)$$

或

$$g(t,\theta) = p(t,\theta) \cdot h(t) \qquad (2-6)$$

式中，$f(x,y)$ 为被测样本某断面衰减系数分布函数；(x,y) 为被测样本某扫描断面在笛卡尔坐标系中的任意一点；$P(\rho,\theta)$、$p(t,\theta)$ 为 $f(x,y)$ 沿 θ 方向投影函数的两种不同表达形式；t 为被测样本扫描断面上某点 (x,y) 在极坐标系中的横坐标；ρ 为该点到极点的距离；$|\rho|$ 为滤波函数，且 $|\rho| \leqslant B$；$h(t)$ 为滤波函数的空域形式，它可以通过滤波函数 $|\rho|$ 的傅里叶反变换求得；$g(t,\theta)$ 为投影 $P(\rho,\theta)$、$p(t,\theta)$ 的滤波投影和卷积投影。

通过式（2-4）和式（2-5）重建 CT 图像的方法称为滤波反投影方法，通过式（2-4）和式（2-6）重建 CT 图像的方法称为卷积反投影方法。因此，只要有了图像的投影，就可以通过滤波（卷积）反投影技术反向求解得到被测样本某断面对 X 射线吸收系数的分布函数 $f(x,y)$，把分布函数 $f(x,y)$ 表示为灰度图像的形式，就可以得到被测样品断面的扫描图像。

三、CT 图像构建三维数字岩心的方法

利用上述方法，把 X 射线 CT 扫描获得的投影数据通过滤波（卷积）反投影技术重建得到岩心的三维灰度图像。图 2 - 3 （a）是利用投影数据重建三维灰度数字岩心的二维切片，扫描岩心的孔隙度为 11.9%，岩性为致密砂岩。图像的灰度值的大小反映了岩石切片不同部位密度大小，其中，图像越白（灰度值大）表示密度越大，图像越暗（灰度值小）表示密度越小。如何精确划分骨架与孔隙的边界是利用数字岩心计算岩心孔隙度、孔隙结构参数及岩石物理属性的关键。利用图像分割技术将数字岩心灰度图像划分为岩石骨架和孔隙。由于扫描过程中仪器参数设置等影响，获取的二维切片对比度可能不高，难以直接进行分割，因此一般情况下首先需要对图像的灰度像素进行刻度，计算公式如下：

$$P_{out} = (P_{in} - P_{min})\left(\frac{Scale_{max} - Scale_{min}}{P_{max} - P_{min}}\right) + Scale_{min} \qquad (2-7)$$

式中，P_{out} 为刻度后的图像像素值；P_{in} 为原始图像的像素值；P_{min} 和 P_{max} 为原始图像像素的最小值和最大值；$Scale_{max}$ 和 $Scale_{min}$ 是刻度后图像像素的最大值和最小值。

图 2 - 3 （a）和图 2 - 3 （b）是图像刻度前后的图像，从图中可以看出，在图像重新刻度之前，图像所有像素的灰度值均偏暗，刻度后的图像像素灰度值分布均匀，能够更好地显现出岩心的结构特征。为了消除扫描过程中产生的噪声信号，需要对图像进行滤波处理，一般采用的是中值滤波的方法。中值滤波是基于排序统计理论的一种能有效抑制噪声的非线性信号处理方法，图像中值滤波的基本原理是用模板扫描待处理图像，将模板所涵盖的图像内所有像素由大到小排列取序列中间一点的值代替窗口中间一点的像素值（图 2 - 2），从而消除孤立的噪声点，中值滤波既可以除去噪声又可以保护图像细节。

$$g(x,y) = Med\{f(x - k, y - l), (k, l \in W)\} \qquad (2-8)$$

式中，$g(x, y)$ 为滤波后的图像；$f(x, y)$ 为滤波前的图像；W 为二维模板。

处理结果如图 2 - 3 （c）所示，可以看出通过处理图像的噪声明显得到消除。

经过刻度、滤波之后的图像可以直接用来分割。图像分割的方法有多种，其中阈值分割法是一种传统的应用最广泛的图像分割方法，其优点为实现简单、计算量小、直观性强、并且性能稳定，是图像处理中的一个比较重要的过程，而选择合理的分割阈值是图像分割的关键。设原始图像在点 （x，y）处的灰度值为 f（x，y），经阈值分割后的图像 g（x，y）定义为：

$$g(x,y) = \begin{cases} 1 & f(x,y) > T \\ 0 & f(x,y) \leqslant T \end{cases} \qquad (2-9)$$

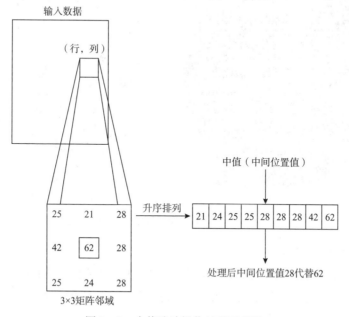

图 2-2　中值滤波操作过程示例图

式中，T 为阈值，阈值的合理选择是图像分割技术的关键。常用的阈值选取技术有：直方图阈值、判别分析法、最大熵阈值和模糊阈值等。在本书中主要用到了直方图阈值选取方法和判别分析阈值选取方法，因此分别详细介绍了这两种阈值选取方法。

(a)原始切片

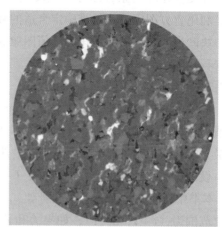
(b)刻度后图像

图 2-3　CT 图像处理结果

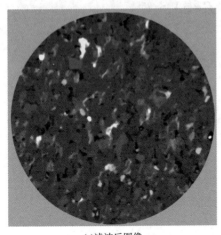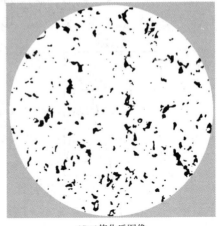

(c)滤波后图像　　　　　　　　　　　(d)二值化后图像

图 2 – 3　CT 图像处理结果（续）

1. 直方图阈值选取方法

灰度直方图是灰度级的函数，它表示图像中某种灰度出现的频率。若某数字图像的像素个数为 N，灰度级设为 l 个，符合第 k 灰度级的像素个数总共有 n_k 个。于是第 k 灰度级的灰度出现的频率为：

$$h_k = \frac{n_k}{N}, \; k = 0, 1, \cdots, l - 1 \qquad (2 - 10)$$

当图像比较简单时，图像的背景与目标的灰度级在直方图上呈明显的双峰状，可以直接选择双峰之间的波谷所对应的灰度值作为阈值。但有时候扫描的数字岩心图像比较复杂，图像的灰度直方图并没有呈明显的双峰结构，大多为单峰，利用直方图阈值法很难确定合适的分割阈值。图 2 – 3（d）是利用直方图法把一块砂岩的灰度图像转化为二值图像的结果，其中白色代表岩石骨架，黑色代表岩石孔隙空间。

2. 最大类间方差法（Otsu）

最大类间方差法是由日本学者 Otsu 提出的一种阈值分割方法，它确定分割阈值的原理是：用阈值 t 把灰度值的集合分成背景和目标两组，当两组的类间方差最大时，灰度值 t 就是图像分割的最佳阈值。

设图像有 L 的灰度值，$L \in (0, L-1)$；选用阈值 t 将图像像素分为两组 f_1 和 f_2（本书中对应的是岩石孔隙和骨架），其中 f_1 中的灰度范围为 $(0, t)$，f_2 中的灰度范围为 $(t+1, L-1)$，如果 f_1 和 f_2 中两组像素的个数在整幅图像中所占比例为 w_1 和 w_2，平均灰度分别为 u_1 和 u_2，则整幅图像平均灰度可以表示为：

$$u = w_1 u_1 + w_2 u_2 \qquad (2-11)$$

图像的类间方差为：

$$g(t) = w_1 (u_1 - u)^2 + w_2 (u_2 - u)^2 \qquad (2-12)$$

当类间方差最大时对应的灰度值 t 即为最佳分割的阈值。

该方法应用广泛，是全局二值化最经典的方法，但是当图像目标与背景灰度差不明显时，分割效果就会变差。图 2-4 是图像分割后的数字岩心成果图，其中灰色部分为孔隙，骨架透明显示。

图 2-4　X 射线 CT 构建的数字岩心

第二节　FIB-SEM 切割扫描构建泥页岩数字岩心

一、FIB-SEM 切割扫描原理

扫描电镜成像是利用一次电子入射激发样品表面原子核外电子跃迁产生的二次电子信号被探测器接收所得到的图像为二次电子像，一次电子碰撞到样品表面的原子核上时会反弹得到能量和入射电子相近的背散射电子由探测器接收后所生成的图像叫做背散射电子图像（图 2-5）。

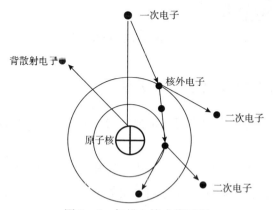

图 2-5　扫描电镜成像原理

三维切割：利用镓离子束对样品进行切割（单张切片厚度为 10·20nm），背散射电子成像，利用扫描结果的几百至几千张图像来重构出三维的体结构。

在场发射电镜中加入了与电子束呈 52°夹角的镓离子束，离子束垂直于样品表面进行切割，电子束与样品表面呈 38°夹角扫描成像，通过设置单张切片的厚度而得到 10~20nm 厚的一系列连续切片，通过后期软件重组得到三维的体结构，从而可以计算、量化孔隙、有机质含量和连通性，进而可以基于模型进行计算、模拟（图 2-6）。

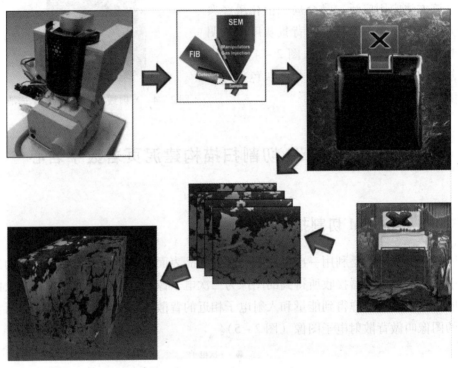

图 2-6　聚焦离子束扫描电镜三维切割成像原理

二、FIB-SEM 构建数字岩心方法

利用切割扫描的图像序列构建三维数字岩心需要进行图像配准和角度校正。

1. 图像配准

FIB-SEM 切割扫描过程中，相邻两片之间难免会产生微小的扫描误差，使得前后两片图像产生错位，影响后续分割以及数值模拟，图像配准就是为了解决图像的错位问题。图像二维图像可以用一个二维数值矩阵来表示，设 I_1 (x, y)、I_2 (x, y) 分别表示两幅需要配准的图像在 (x, y) 处的灰度值，其中 I_1 为基准图像、I_2 为待配准图像，那么图像 I_1、I_2 的配准关系可以表示为：

$$I_2(x,y) = G[I_1F(x,y)] \qquad (2-13)$$

式中，F 为二维的坐标变换函数；G 为一维灰度变换函数。

图像配准的主要任务就是寻找最佳的坐标变换函数 F，与灰度变换函数 G。从而使两幅图像之间实现最佳对准。由于在大部分情况下灰度变换函数 G 并不需要求解，因此求取坐标变换函数 F 成为图像配准的关键问题。式（2-13）可以简化为如下形式：

$$I_2(x,y) = I_1[F(x,y)] \qquad (2-14)$$

在图像配准过程中，常用到的图像变换方式主要有刚体变换、仿射变换、投影变换和非线性变换。若图像中任意两点间的距离在变换前后保持不变，则这种变换称为刚体变换。刚体变换可分解为整体平移和旋转。在二维图像中，坐标点 (x,y) 经刚体变换到点 (x',y') 的变换公式为：

$$\begin{pmatrix} x' \\ y' \end{pmatrix} = \begin{pmatrix} \cos\varphi & \pm\sin\varphi \\ \sin\varphi & \mp\cos\varphi \end{pmatrix} \begin{pmatrix} x \\ y \end{pmatrix} + \begin{pmatrix} \Delta x \\ \Delta y \end{pmatrix} \qquad (2-15)$$

式中，φ 为旋转角度；Δx、Δy 为平移距离。

泥页岩图像的配准过程是一个刚体变换的过程。图 2-7 是图像配准前与配准后的对比图，从图 2-7 上可以看出，图像配准前孔隙壁及各相边界参差不齐，呈锯齿状，图像配准之后，各项边界变的相对光滑。

(a)配准前图像　　　　　　　　　　(b)配准后图像

图 2-7　图像配准前后对比

2. 角度校正

FIB-SEM 在切割扫描过程中，首先用离子束在感兴趣切割区域周围刻蚀凹槽，然后对样品进行切割扫描，扫描区域如图 2-8 红色部位所示。

由于离子束与电子束之间夹角不为 90°，因此扫描电镜扫描的切割面不能反映样品的真实尺寸，需要做一个角度变换转换到电子束与扫描表面垂直的状态。在图 2-9 中，AC 是扫描样品的表面，AB 是与电子束垂直的平面，扫描电镜实际扫描的尺寸是 AB（AC 在 AB 平面上的投影），而不是样品的实际尺寸，角度变

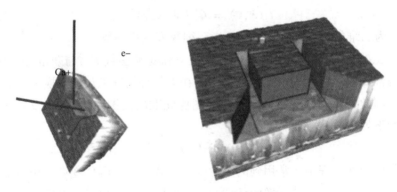

图 2 - 8　FIB-SEM 切割示意图

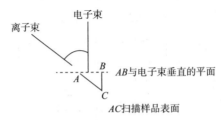

图 2 - 9　成像尺寸与样品尺寸几何关系

换就是要将扫描电镜扫描的实际尺寸变换为样品的实际尺寸。可通过下面公式
计算：

$$AC = \frac{AB}{\cos(90° - \alpha)} \tag{2-16}$$

式中，α 是离子束与电子束的夹角。

　　经过上述校正之后可以对泥页岩灰度图像进行阈值分割和三维重建，进而可
以进行泥页岩孔隙结构分析及岩石物理性质的计算。图 2 - 10 为灰度图像分割前
后的结果。

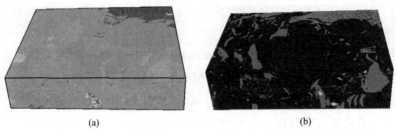

　　　　　　　　(a)　　　　　　　　　　　　　　　　　(b)

图 2 - 10　JY1-126 灰度图像（a）和 JY1-126 多相分割后图像（b）

第三节　过程模拟建立三维数字岩心的方法

　　沉积岩是母岩在外力作用下，经过风化、搬运、沉积固结等作用形成的岩石，是受地质作用、物理作用、化学作用等综合影响的产物，因此如果能够再现沉积岩的形成过程，就可以得到反映沉积岩真实孔隙空间结构的模型。在本书中，并没有模拟沉积岩所有的形成过程，而是通过岩石颗粒粒度分布资料模拟岩石颗粒的沉积过程、压实过程和成岩过程来建立沉积岩三维数字岩心。

　　为了使重建的数字岩心更接近真实的岩心，过程模拟的颗粒尺寸必须来自于真实岩心，所以在重建三维数字岩心前，首先要分析岩石的粒度组成。目前主要有两种手段获得岩石颗粒的粒度分布：一种手段是采用图像处理技术（开运算）对岩石二维铸体薄片或者标准二维薄片的 BSE 图像进行处理获得；另一种手段是通过实验方法直接测量岩石粒度组成，像筛析法，沉降法和光散射法。粒度分布曲线是过程模拟法重建数字岩心的重要输入数据，图 2 – 11 是通过实验测量获取的某岩心样品的粒度分布曲线。

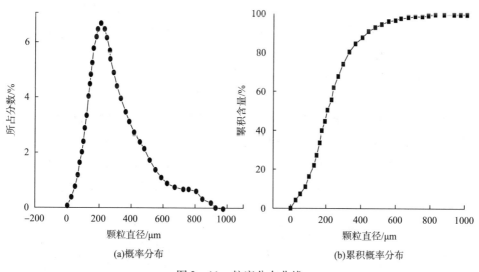

(a)概率分布　　　　　(b)累积概率分布

图 2 – 11　粒度分布曲线

一、沉积过程模拟

　　沉积作用是指被运动介质搬运的物质到达适宜的场所后，由于条件发生改变而发生沉淀、堆积的过程的作用。按沉积作用方式又可分为机械沉积、化学沉积和生物沉积 3 类。本书中模拟的是颗粒在自身重力作用下的机械沉积作用。

1. 沉积颗粒半径的确定方法

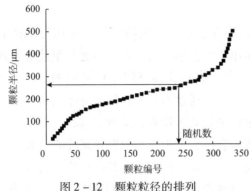

图 2 - 12　颗粒粒径的排列

沉积过程中颗粒的半径根据粒径的累积概率分布曲线确定，根据累积百分含量，在（0，100）之间产生均匀分布的随机数，将该随机数作为累积含量百分数，然后从累积概率分布曲线上查找该随机数所对应的颗粒粒径，通过对颗粒编号并按颗粒大小排序，构建了新的颗粒尺寸分布曲线（图 2 - 12）。

2. 沉积过程模拟

利用沉积算法模拟了岩石颗粒在重力作用下的沉积过程，该过程遵循重力势能最小原理。岩石的实际沉积过程非常复杂。沉积过程模拟基于以下假设：

（1）所有沉积颗粒都为球形。

（2）颗粒沿重力势能梯度最大的方向下落，不受侧向力的影响。

（3）颗粒达到稳定位置（稳定位置指颗粒受力达到平衡的静止状态）后不受后续下落颗粒的影响。

（4）下落颗粒与已沉积颗粒碰撞后不发生弹跳。

颗粒的沉积过程如下：

（1）确定沉积范围大小（X，Y，Z），使颗粒在给定的三维空间中沉积，沉积范围是决定数字岩心大小的一个重要参数。

（2）在沉积平面上随机选取一个下落点（x，y），并从颗粒粒径曲线（图 2 - 12）上随机选取一个半径为 r 的沉积颗粒，从沉积盒顶部执行下落过程，此时沉积颗粒初始球心坐标为（x，y，z），z 为沉积盒的顶部。将当前下落颗粒的半径减为 0，所有已经沉积的颗粒半径增加 r，此时当下落颗粒接触到已沉积颗粒时在颗粒表面上的滚动，就相当于下落颗粒球心在已沉积颗粒表面上的滚动（图 2 - 13）。

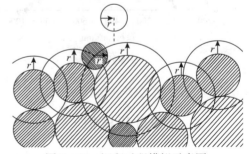

图 2 - 13　沉积过程模拟示意图

（3）记录该沉积颗粒下落时所有可能遇到的已沉积颗粒，最终将落点最高的颗粒作为落点颗粒。如果没有落点颗粒则直接到达 XY 平面 $z=r$，若有落点颗粒，则落点颗粒可以利用两点距离公式与两沉积颗粒半径的关系确定。

（4）如果存在落点颗粒，这时落点以球坐标系中与 z 轴的夹角 φ 为变量进行移动且要求 $\varphi \leqslant 90°$，同时判定该点是否遇到其他颗粒，如果遇到其他颗粒则将首先遇到的颗粒作为接触球。否则，从移动的最终位置下落，返回步骤（3）。

（5）在确定落点颗粒与接触颗粒后，该下落点以二者球心连线作为轴线再次旋转，并且转动角度不可以超过一定值，同时确定该点是否遇到其他颗粒。如果遇到其他颗粒则将其作为第三个颗粒即稳定颗粒同时当前位置即为稳定位置。否则，从转动的最终位置下落回到步骤（3），继续执行。

（6）在确定落点和3个颗粒球心坐标后，判定该点与3个颗粒的关系是否稳定。若稳定，则将此时下落点位置作为下落颗粒的球心，所有颗粒的半径恢复初值。否则，在这3个球中重新确定落点颗粒和接触颗粒返回步骤（5），重新确定稳定颗粒和稳定点。

图2-14给出在沉积过程中的稳定情况，即3个先沉积颗粒可以稳定的支撑一个后沉积颗粒。

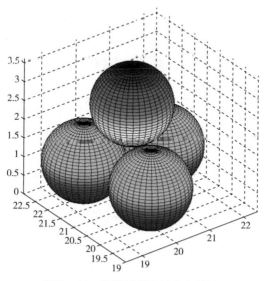

图2-14　沉积过程中的稳定结构

二、压实过程模拟

由于上层沉积物的不断挤压，导致下层沉积物的压缩孔隙度减小，岩石变得致密的过程称为压实过程。压实过程模拟不改变颗粒半径和形状仅通过改变沉积岩石颗粒的 z 轴坐标来实现，通过引入压实因子 λ 和颗粒重排因子 ξ 来表征不同的压实程度和颗粒重排。其计算方法如下：

$$z = 0.5\lambda(z_{max} - z_{min}) + z_0(1 - \lambda + \xi) \tag{2-17}$$

式中，z 为压实作用后岩石颗粒新的垂向坐标；z_0 为其岩石颗粒初始垂直坐标；λ 为压实因子；ξ 是模拟岩石颗粒重排的变量。在压实过程模拟中，λ 的取值范围在 $[0,1]$ 之间，ξ 是 $[-0.02, 0.02]$ 中的随机数。

三、成岩过程模拟

在岩石形成过程中，随着埋藏深度的增加，各种胶结作用的出现使岩石具有了一定的抗压特性，此时机械压实作用对气层岩石物性的影响逐渐减弱，各种胶结作用开始起主要作用。我们仅模拟已知的成岩作用，如石英次生加大、溶蚀、长石交代作用以及自生黏土的生长。使用与 Schwartz 和 Kimminau 相似的算法模拟石英胶结物的生长。如果 $R_0(r)$ 表示沉积颗粒的最初半径，那么从颗粒中心沿 r 方向的新半径为：

$$R(r) = R_0(r) + \min[\alpha l(r)^\gamma, l(r)] \tag{2-18}$$

式中，$l(r)$ 是沿 r 方向由原始颗粒表面到它的 Voronoi 多面晶胞表面的距离；常数 α 控制胶结物的生长程度，正 α 表示石英胶结物的生长，而负的 α 模拟溶蚀和超压造成的砂岩异常高的粒间孔隙；指数 γ 控制胶结物的生长方向，正的 γ 表示石英胶结物沿大 $l(r)$ 的方向增长（如孔隙体），而负的 γ 表示胶结物在小 $l(r)$ 的方向上的增长（如吼道），如果 $\gamma = 0$ 表示石英胶结物在各个方向上均匀生长即由中心向外对称生长。

孔隙附着黏土如绿泥石是沿碎屑岩颗粒表面向外辐射生长。黏土质点在颗粒或石英胶结物的表面随机位置沉积。孔隙充填黏土如视六边形高岭石可通过在已含有黏土的孔隙体中采用黏土择优沉积的聚类算法实现。孔隙搭桥的泥质如伊利石便更加复杂。长石的溶蚀可能形成大量的次生孔隙。长石可能部分或是全部溶蚀，也可能被无效孔隙或是含有微孔隙的黏土所取代。有时溶蚀部分会反映长石的晶体结构然而黏土也可以显示出长石的结构。

根据胶结物生长算法，考虑了3种不同的数字成岩方法，尽管这些方法不能模拟岩石真实的形成过程，但它们还是能够很好地仿真成岩作用对岩石孔隙空间的影响。这 3 种成岩方法是按照不同的方式把胶结物添加到岩石粒间孔隙。从建立三维数字岩心的角度看，添加胶结物意味着把表征孔隙的像素点变成骨架像素点，最终获得所需的三维数字岩心，进而用于岩石物理性质的评价。第一种数字成岩模型是，当 $\gamma = 0$ 时胶结物沿颗粒表面共轴生长，称为胶结模型 I［图 2 - 15（a）］；第二种是当 $\gamma > 0$ 时胶结物沿孔隙体方向生长，称为胶结模型 II［图 2 - 15（b）］；第三种是当 $\gamma < 0$ 时表示胶结物沿喉道的方向生长，称为胶结模型 III［图 2 - 15（c）］，在图 2 - 15 中，绿色代表岩石颗粒，白色表示孔隙空间，褐色代表胶结物。基于 3 种数字成岩方法研究了成岩作用对岩石弹性性质的影响。

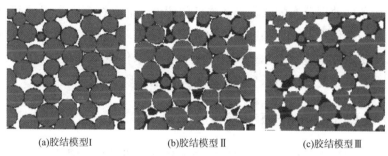

(a)胶结模型 I 　　　　(b)胶结模型 II 　　　　(c)胶结模型 III

图 2 - 15　不同胶结模型所构建三维数字岩心的横截面图

四、岩心数字化

为了后续的实验模拟，需要将沉积的颗粒数字化为 0，1 表示的岩心矩阵，我们将重构介质离散化为一个大小为 $Nx \times Ny \times Nz$，间距为 a 的 3D 网格，a 为分辨率。离散的介质由小立方格构成，每个立方体边长为 a，其中充填的是孔隙或是固体。固体体元可由它们充填的矿物（石英、长石、黏土）来表征。由于实际沉积空间相对于岩心而言是一个无限大区域，因此在网格化过程中，为了消除沉积边

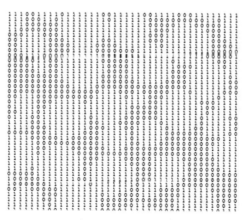

图 2 - 16　网格化后某一切面数字化显示

界对重建数字岩心的影响，需要去掉部分边界数据。图 2 - 16 给出网格化后，某个二维切片部分的二值数字显示。从中我们可以清晰地看到骨架和孔隙分布。

第四节　顺序指示模拟构建三维数字岩心的方法

顺序指示模拟（SISIM）是对分散的数据概率分布场采用专门的指示克里金内插技术，并与条件随机模拟相结合而形成的一种方法。在这种方法中，确定出方差构造的累计条件分布概率函数（ccdf）后，沿着协方差函数中的某一网格化的随机路径有序地模拟，便可以利用蒙特卡罗法获得每一网格节点处的随机函数值。顺序指示模拟既可用于离散变量，又可用于连续变量的随机模拟。该方法不需要对原始条件数据分布的参数形式作任何假设，而是在现在资料的基础上，通过一系列的门槛值把技术优势数据转化成指示数据。根据各离散变量的指示变差函数，采用指示克里金法对每个网格点处的局部条件概率分布（LCPD）进行估计。其主要特点是变量的指示变换，指示克里金和顺序模拟算法。

一、求取条件分布概率函数

在进行模拟计算之前，首先要进行指示变换，即根据不同的门槛值把原始数据编码成 0 或 1 的过程。在一个给定的空间数据集上，设条件数据为 $\{Z(x_a), a(n)\}$，$Z(x)$ 为未采样点（待模拟点）值。首先，对变量场的分布特征进行分级（类），目的是将 ccdf 值限制于所分类别中。设 Z_0 为级别中的门槛值，定义 x 点处的二值指示变量为：

$$I(x,Z_0) = \begin{cases} 1 & Z(x) \leq Z_0 \\ 0 & Z(x) > Z_0 \end{cases} \tag{2-19}$$

可以证明，其条件期望值为

$$E\{I(x,Z_0) \mid Z(x_a), a \in (n)\} = P\{Z(x) \leq Z_0 \mid Z(x_a), a \in (n)\} \tag{2-20}$$

式中，$P\{Z(x) \leq Z_0 \mid Z(x_a), a \in (n)\}$ 为指示变量的条件概率分布值。

上面两式表明，通过指示变量条件期望值的估算，可以得到其相应的条件概率分布值。

条件期望值通过克里金法对条件数据进行指示转换（指示克里金）来估算，即利用条件数据点 $Z(x_a)$，由指示克里金可得到期望值的最优无偏线性估计。期望估计值即为 ccdf 的估计值，即有

$$F^* \{ Z(x) \leqslant Z_0 \mid Z(x_a), a \in (n) \} = \sum_{a=1}^{n} \lambda_a(x, Z_0) i(x_a, Z_0) \quad (2-21)$$

式中，F^* 为 ccdf 估计值；$i(x_a, Z_0)$ 为以 Z_0 为门槛值的样点值 $Z(x_a)$ 的指示变换；$\lambda_a(x, Z_0)$ 为克里金权系数。

克里金权系数可通过指示克里金方程求得，即有：

$$\begin{cases} \sum_{b=1}^{n} \lambda_b(x, Z_0) G(x_b - x_a, Z_0) + \mu(x, Z_0) = G(x - x_a, Z_0) \quad (a = 1, 2, \cdots, n) \\ \sum_{b=1}^{n} \lambda_b(x, Z_0) = 1 \end{cases}$$

$$(2-22)$$

式中，$\lambda_b(x, Z_0)$ 为克里金权系数；$G(x_b - x_a, Z_0)$ 和 $G(x - x_a, Z_0)$ 为指示协方差函数；μ 为拉格朗日常数。

二、顺序指示模拟

ccdf 确定后，便可以利用蒙特卡罗法模拟每一个网格节点处的随机函数值。在位置 x 处抽取一个均匀随机 $P^{(m)} \in [0, 1]$，然后转换为 ccdf 的分位数值，该分位数即为位置 x 的模拟值，即：

$$F^{*(-1)} \{ x; Z^m(x) \mid n \} = P^{(m)} \quad (2-23)$$

$$Z^m(x) = F^{*(-1)} \{ x; P^{(m)} \} \quad (2-24)$$

式中，$Z^m(x)$ 为位置 x 的模拟值；$F^{*(-1)}$ 为逆 ccdf 函数或概率值 $P \in [0, 1]$ 的分位数函数。

在此基础上，对指示数据集采用模拟值进行更新，对另外的位置沿着随机路径再使用指示模拟，当所有的位置都已模拟时，就可得到一个随机图像 $\{Z_m(x), x\}$。若再使用新的随机路径重复运用顺序模拟过程，则可以得到另一个独立的模拟实现 $\{Z^k(x), x\}$（$k \neq m$）。

三、顺序指示模拟构建三维数字岩心的原理

利用顺序指示模拟重建三维数字岩心是以岩心二维图像的孔隙度和变差函数作为约束条件，利用地质统计学中的顺序指示模拟方法来实现的。根据地质统计学的原理，在 3D 孔隙介质建模中，给出的变差函数为

$$\gamma(h) = \frac{1}{2N(h)} \sum_{i=1}^{N(h)} [f(r_i) - f(r_i + h)]^2 \quad (2-25)$$

式中，r_i 为第 i 个观测点的坐标；$f(r_i)$、$f(r_i+h)$ 分别为 r_i 及 r_i+h 这 2 点处的观测值；h 为两个观测点间的距离，称为滞后距；$N(h)$ 为距离为矢量 h 的数据对数目，即 $(x, x+h)$ 的个数；$\gamma(h)$ 为实验变差函数的值。

对不同的滞后距 h，可以算出相应的 $\gamma(h)$，把这些点在 $h-\gamma(h)$ 图上标出，再把相邻点用线段相连就得到实验变差函数图。

在二阶平稳条件下，变差函数 $\gamma(h)$，验前方差 $C(0)$ 及协方差函数 $C(h)$ 三者之间的关系式为：

$$\gamma(h) = C(0) - C(h) \qquad (2-26)$$

利用上式可以从图像中计算出原始的变差函数之，接下来，用指数函数建模，确保变量模型的正定。指数函数模型为：

$$\gamma(h) = c_0 + c\left[1 - \exp\left(\frac{3h}{a}\right)\right] \qquad (2-27)$$

式中，a 为变程；c 为拱高。当 $c_0 = 0$，$c = 1$ 时称为标准指数函数模型。

使用变差函数模型，由 2D 薄片能条件模拟出 3D 孔隙介质的多相实现。因为图像所代表的指示随机函数 $f(x)$，基于指示的模拟算法是最适当、最简单的。此算法是来自 Deutsch 和 Journel 的地质统计软件库（GSLIB）的顺序指示模拟法。按照顺序指示模拟法，沿着随机的路线，对所选立方体中的所有节点进行处理。在每个节点处，都为 $f(r)$ 估算出一个局部条件累积分布函数（ccdf）。与先前沿着随机的路线模拟的点一样，ccdf 受 2D 图像制约。通过指示克里金进行局部条件累积分布函数的估算。$f(r)$ 的值从局域条件累积分布函数中得到。这个值作为边界条件保存下来，没着随机路线处理下一个节点。当所有节点都处理后，用正确的空间统计，就能得到新的 3D 二值场的一个实现。

四、顺序指示模拟构建三维数字岩心实例

利用顺序指示模拟法构建三维数字岩心包含两个主要步骤：岩心二维图像分析，三维随机模拟。岩心的二维图像二值化后每个像素点的意义可以分为两种：孔隙和骨架。为了方便对比真实数字岩心与重建数字岩心，以真实数字岩心的一个切面为基础，利用顺序指示模拟方法重建三维数字岩心。图 2-17 为 Fontainebleau 砂岩 X 射线 CT 的某一切面，分辨率为 5.68μm，其中黑色部分表示岩石颗粒，白色部分代表岩石孔隙，该岩心二维图像孔隙度为 18.7%。利用图像分析方法计算二维图像在水平方向和垂直方向的变差函数，并利用非线性最小二乘法建立了指数变差函数模型（图 2-18）。在该指数变差函数模型中，拱高 $c =$

0.1544，变程 $a = 14.8$。以变差函数参数和孔隙度为约束条件，采用顺序指示模拟方法进行三维随机模拟，构建了三维数字岩心（图 2 – 19）。模拟的主要步骤如下：

图 2 – 17 Fontainebleau 砂岩数字岩心切片（训练图像）

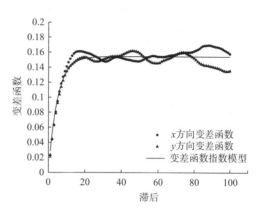

图 2 – 18 二维图像变差函数

（1）确定随机访问每个网格节点路径。指定估计网格点的领域条件数据（包括原始 y 数据和先前模拟的网格节点的 y 值）的个数（最大值和最小值）。

（2）对指示变量应用指示克里金来估计该节点处的变量类型属于离散变量的概率。

（3）确定离散变量的一个顺序，这个顺序定义了每一个离散变量在概率区间 [0，1] 上的分布顺序。

（4）在 [0，1] 上随机产生一个随机数，确定该随机数对应的离散变量的类型，即为该节点处的变量类型。

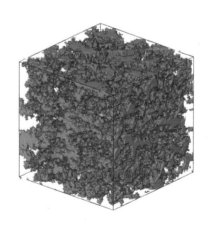

图 2 – 19 顺序指示模拟法构建三维数字岩心成果图

（5）用模拟值更新所有的指示数据集，并沿随机路径处理下一个网格节点，直到每个节点都被模拟，就可以得到一个实现。

通过统计分析得到重建数字岩心的孔隙度为 18.73%，与岩心二维图像的孔隙度基本吻合。选取重建三维数字岩心中间的 3 个切面（图 2 – 20），来计算其变差函数，如图 2 – 21 所示。计算结果表明，重建三维数字岩心的变差函数与二维图像变差函数一致。

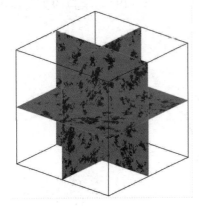

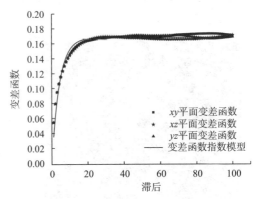

图 2 - 20　重建三维数字岩心的 3 个截面　　　　图 2 - 21　重建三维数字岩心的 3 个截面变差函数

　　但是由于该类方法只是使用了二维图像中的低阶统计信息，因此难以再现孔隙空间的长连通性，尤其是难以再现低孔隙度或具有特定孔隙几何形状（例如颗粒和球形）的多孔介质拓扑结构。

第五节　多点地质统计重构数字岩心的方法

　　常见的获取多孔介质真实三维数字样品的方法有扫描电镜法（SEM），聚焦离子光束法（FIB-SEM），纳米 CT（Nano-CT）等。虽然上述方法可获得微米甚至纳米精度的二维或三维真实岩心数据，但是由于直接获取岩心的二维或三维数据代价昂贵且样品尺度非常小，因此基于实际样品数据进行岩样重构的研究受到了重视。

一、MPS 方法概述

　　多点地质统计法 MPS（multiple-point geostatistics）最初被用来模拟油藏和河道等连续地质实体。MPS 中的基本概念包括训练图像、数据模板和数据事件。其模拟过程简单来讲分为两步：首先从训练图像中提取结构特征信息，形成一些特征结构库；然后将这些结构特征按照概率原则复制到重构图像中去。

　　1. 训练图像

　　训练图像（Ti, training image）原本是一个地质概念，用来描述地层中各向异性，地质体的走向、分布等等。训练图像包含了待模拟区域想要包含的各种特征模式，它只是一种概念上的特征模式的集合，不需要有很高的精确度或者符合某种条件数据的分布。

与平稳假设条件下的变差函数相似，训练图像可以反映空间结构的一般性的特征，它包含待模拟数据空间中据信存在的平稳模式。在将训练图像作为先验模型之前，必须确认该图像是否足够平稳。训练图像的特征模式有时是隐蔽或不易察觉的，因此它应该包含足够多数量的相同的特征模式，使得该特征模式可以被较易提取。训练图像本身可以被视为特征模式定量化的表示，在宏观上它体现出各种特征模式在平面或空间中如何被联系起来。

总之，通过扫描训练图像，先验模型被明确而定量地引入到建模当中。先验模型包含了被研究的属性值中存在的结构特征，而训练图像则是该结构特征的定量化表达，可以说训练图像中的概率信息决定了最终的模拟结果。

2. 数据模板与数据事件

训练图像的特征模式可以被在其上方滑动的窗口所捕获。这个窗口被称为数据模板。设数据模板为 τ_n，它是由 n 个向量组成的几何形态，$\tau_n = \{h_a; a = 1, 2, \cdots, n\}$。设模板中心位置为 u，模板其他位置 $u_a = u + h_a$（$a = 1, 2, \cdots, n$）。例如图 2-22（a）就是一个 9×9 像素组成的二维模板，u_a 由中心点 u 和 80 个向量 h_a 所确定，各向量用网格点表示。而在三维空间中数据模板的定义也是适用的，图 2-22（b）是由 $3 \times 3 \times 3$ 体素组成的三维模板，模板中心点 u 用蓝色表示，其周围的各三维节点表示各个向量的位置，用灰色表示。

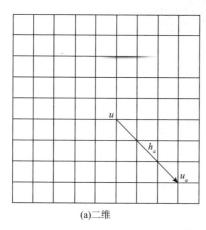

(a)二维   (b)三维

图 2-22 二维和三维数据模板

如果属性 S 包含 K 种状态，即有状态值的集合 $\{s_k, k = 1, 2, \cdots, K\}$。通

过模拟获得在 u 位置的状态值，选取离 u 最近的 n 个数据作为其条件数据，即有 $\{S(u_a) = s_{k_a}, a = 1, 2, \cdots, n\}$，其中 $S(u_a)$ 表示在 u_a 位置的状态值。整个 $\{S(u_a) = s_{k_u}, a = 1, 2, \cdots, n\}$ 表示 n 个向量在 u_a 位置的 $S(u_1)$，$\cdots$，$S(u_n)$ 分别为状态值 s_{k_1}，$\cdots$，s_{k_n}，此处 k_1，$\cdots$，k_n 的取值范围为 1，$\cdots$，K。

在随机模式中，$S(u)$ 所能获得的 K 个可能的状态值由条件概率分布函数 cpdf 决定，cpdf 可以表示为：

$$\mathrm{Prob}\{S(u) = s_k \mid (n \text{个条件数据})\} = f[u; k \mid (n \text{个条件数据})], k = 1, 2, \cdots, k$$

$$(2-28)$$

cpdf 可以通过训练图像提取，n 个数据值和它们的几何结构组成了"数据事件"，记为 d_n：

$$d_n = \{S(u_a) = s_{k_a}; a = 1, 2, \cdots, n\} = \{S(u + h_a) = s_{k_a}; a = 1, 2, \cdots, n\}$$

$$(2-29)$$

d_n 是由数据模板中 n 个向量 u_a 位置的 n 个状态值所组成的，它与数据模板 τ_n 的形状相同，且中心位置均为 u。图 2-23 即为一个 3 像素 × 3 像素的二维模板扫描训练图像得到一个数据事件的过程。该训练图像包含黑色和白色节点两种状态。

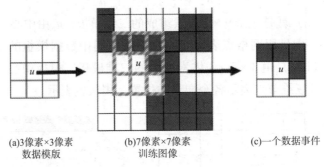

(a)3像素×3像素　　　(b)7像素×7像素　　　(c)一个数据事件
　数据模版　　　　　　训练图像

图 2-23　利用数据模板扫描图像的过程

二、利用 MPS 重构三维数字岩心的步骤

以 X 射线 CT 扫描法建立的数字岩心为训练图像，以两张正交的二维切片的部分像素点为条件数据，使用多点地质统计学法重构三维数字岩心的具体步骤为：

（1）选择训练图像。选择 X 射线 CT 扫描获得的三维图像作为训练图像［图 2-24（a）］，三维训练图像包含更加真实的立体的孔隙结构模式。

（2）使用四重搜索模板扫描训练图像建立搜索树。四重搜索模板不仅能保证捕获不同尺度的孔隙结构模式，而且能提高建模效率。

（3）将条件数据分配到相应的网格，选定一条随机路径，访问每一个待模拟节点。

（4）模拟未知节点 u 时，保留那些在最大搜索模板范围内的条件数据，假设条件数据的数量为 n，相应的数据事件为 d_n，在搜索树中检索数据事件 d_n 的 CPDF。如果检索过程中数据事件 d_n 的重复数小于设置的最小重复数，就把搜索模板中最远的条件数据去掉，在条件数据数量为 $n-1$ 的条件下，再去检索数据事件 d_{n-1} 的 CPDF；如果数据事件的重复数仍小于设定的最小重复数，继续重复上述操作。倘若条件数据的数量一直减小到 $n=1$ 时仍不满足要求，就把目标边缘概率赋值给 CPDF。

（5）在一定的 CPDF 下，选择 u 的一个状态值 $S(u)$ 作为下一个待模拟节点的条件数据。

（6）沿着随机路径重复步骤（4）和步骤（5），直到模拟完所有未知节点。

训练图像选择时应该优先考虑三维图像，因为岩心中的孔隙空间实质上是三维展布的，具有立体的空间特征，这类似于沉积相中的分流河道具有立体的空间几何特征。二维训练图像往往只是捕获了某一平面的孔隙空间模式特征，并不能完全反映孔隙空间三维几何和拓扑结构特征如配位数，而三维训练图像则能提供更加真实的孔隙空间模型。目标边缘概率可以约束随机生成模型的孔隙和颗粒比例，一般设置该值为目标孔隙度。还可以通过修改 Servosystem 系数控制孔隙所占的比例，Servosystem 系数取值范围为 0 - 1，取值越大，模拟结果中孔隙和颗粒的比例与训练图像中的两者比例相差越小，但是该系数很高时建模效果反而会变差，建模时设置 Servosystem 系数为 0.9。为了保证获取概率较低的孔隙结构模式，数据事件重复次数设置为 1。按照以上步骤生成数字岩心结果如图 2 - 24（c）和如图 2 - 24（d）所示。

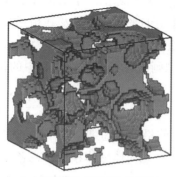
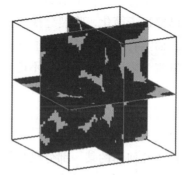

（a）训练图像（50像素×50像素）　　　（b）训练图像3个截面

图 2 - 24　训练图像与重构图像及其截面

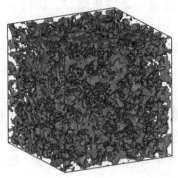 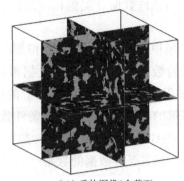

（c）重构图像（200像素×200像素）　　　　　（d）重构图像3个截面

图 2-24　训练图像与重构图像及其截面（续）

第六节　裂缝性储层三维数字岩心的构建方法

　　碳酸盐岩、火成岩等复杂储层普遍发育裂缝，裂缝性储层是一种比较重要的储层类型，仅裂缝性碳酸盐岩储层就占世界探明油气储量的一半以上，已探明裂缝性火成岩储层和变质岩储层虽然占世界探明油气储量的份额很小，但是在某些地区发现的产量较大的地区都属于裂缝性储层。碳酸盐岩、变质岩、火成岩储层容易发育裂缝，然而由于裂缝性储层取心易碎、物理实验困难，对裂缝性储层的导电机理研究依然不是很完善，因此如何建立一个能反映真实裂缝特征的裂缝性数字岩心是利用数字岩心进行裂缝性储层电性数值模拟的关键。

　　目前，人们应用较多的裂缝模型有平板模型、便士模型以及离散裂缝网络模型等。这些模型在一定程度上揭示了流体在岩石孔隙空间中的传导规律，但是这些模型将裂缝过于简化，将裂缝视为表面光滑的平板、圆盘及其相互交叉形成的裂缝网络，而没有考虑裂缝表面本身的粗糙情况。岩石物理实验及数值模拟实验表明将裂缝视为表面光滑的平板不能完全刻画流体在裂缝性岩心中的传导规律。近几年来，越来越多的研究表明岩石裂缝表面具有高度的空间相关性，并且具有自仿射分形特征。

　　分形理论被誉为非线性科学三大理论前沿（孤立波，混沌，分形）之一。分形是指组成几何体的某一部分以某种方式与几何体整体相似，或者是指在很宽的尺度范围内，无特征尺度却有自相似性和自仿射性的一种现象。在研究过程中，假设裂缝两个表面没有重叠，在笛卡尔坐标系中裂缝下表面可以用函数

$z(x,y)$表示。裂缝表面的自仿射特性表明对裂缝进行尺度变换时在空间上具有尺度无关性，即当 $x→λ_xx$，$y→λ_yy$，$z→λ_hz$ 时，假设在 x，y 方向上的变换因子相同 $λ_x = λ_y = λ$，z 方向变换因子满足 $λ_z = λ^H$，则满足如下关系：

$$z(x,y) = λ^{-H}z(λx,λy) \tag{2-30}$$

式中，$λ$ 为尺度变换因子；H 为裂缝粗糙度指数，也叫 Hurst 指数。大量研究表明人造裂缝和自然裂缝粗糙度指数都约为 0.8，而与储层岩性或者裂缝模式无关。

自仿射分形最常用的模型是分数布朗运动（fractional Brownian motion，简写为fBm）模型。分数布朗运动 $G_H(r)$ 是一种无相关性的随机行走，满足以下特征：

$$E[(G_H(X+h) - G_H(X)^2] = |h|^{2H}σ^2, (0 < H < 1) \tag{2-31}$$

式中，$E[\ ]$ 为数学期望；H 为 Hurst 指数；h 为偏移距离，满足高斯分布；$σ$ 为标准差。

根据中心极限定理，公式（2-31）可以变化为：

$$σ^2(h) = σ^2(1)h^{2H} \tag{2-32}$$

标准差 $σ$ 可以通过下式计算：

$$σ_j^2 = \frac{σ_{j-1}^2}{2^H} = \frac{σ_0^2}{(2^H)^j}\left(1 - \frac{2^H}{4}\right) \tag{2-33}$$

产生符合 fBm 分布的算法有多种，如随机中点偏移法（RMD）、快速傅里叶变换法（FFT）、连续随机增加法（SRA）、改进的连续随机增加法（MSRA）等。由于改进的连续随机增加法相对简单且计算效率较高，采用该算法生成裂缝的粗糙表面。

由于改进的连续随机增加算法生成裂缝开度的算法如图 2-25 所示，具体步骤为：

（1）假设模拟裂缝的投影大小为一个边长为 l 的正方形区域，将区域的 4 个顶点用 1 表示，并为每个顶点赋随机的初始值且满足 $N(0, σ_0^2)$。$N(0, σ_0^2)$ 代表均值为 0，方差为 $σ_0^2$ 的标准正态分布。

（2）根据 4 个顶点的数值，采用线性插值方法在正方形的中心插入点2，然后对顶点和中心点加上满足 $N(0, σ_1^2)$ 的随机数。$σ_1$ 通过式（2-33）

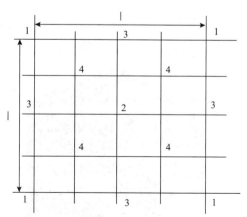

图 2-25 MSRA 算法实现过程

计算。

（3）以相邻顶点的值为基准，采用线性插值法为正方形区域的每条边插入中点，用3表示，对所有的点加上满足 $N(0, \sigma_2^2)$ 的随机数。

（4）重复上述步骤，经过 N 次计算后，就可以得到一个 $(2N+1) \times (2N+1)$ 的矩阵，对矩阵中的每一个点不断加上满足 $N(0, \sigma_j^2)$ 的随机数，直到 σ_j^2 接近 σ_0^2。最终得到的矩阵就符合分数布朗运动分布，也就是获得的裂缝粗糙表面（图2-26）。

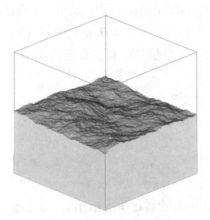

图2-26　生成的裂缝粗糙表面

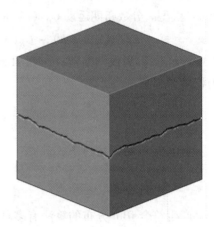

图2-27　数值法构建的裂缝

假设裂缝上下表面不重叠且宽度为 d，裂缝上表面可以表示为：

$$z_u(x, y) = z(x, y) + d \qquad (2-34)$$

上下表面合在一起组成了具有一定宽度且表面粗糙的裂缝（图2-27），构建的裂缝具有自仿射分形特征，裂缝粗糙度指数为0.8，图2-28是利用X射线

图2-28　CT法构建的基质孔隙数字岩心

图2-29　构建的裂缝性碳酸盐岩数字岩心

CT 构建的只含基质孔隙的碳酸盐岩数字岩心，将构建的裂缝与利用 X 射线 CT 方法构建的具有基质孔隙的数字岩心同分辨率相叠加即可得到"基质孔隙＋裂缝孔隙"的裂缝性数字岩心（图 2 - 29）。

第七节　层状结构三维数字岩心的构建方法

在全球很多大的油气田，从砂岩薄层里开发出了相当数量的油气。但是勘探开发逐渐深入，能直接开采的油气资源越来越少，尤其是一些已经高度开发的油田，勘探、开发的难度日益增大。所以，想保持住油田产量的稳定，复杂油气藏的勘探开发越来越引起人们关注，例如东营凹陷南斜坡滨浅湖滩坝砂储层。近年来油气工作者在薄储层的评价上投入了大量的精力。薄层岩心取心及岩石物理实验都十分困难，因此有必要建立一种能反映层状砂岩特征的数字模型。

滩坝砂储层最主要的特征就是成层状，单层厚度薄，分布规律复杂，既可以不同岩性的薄层叠加，也可以是相同岩性但不同孔隙大小的层叠加，主要研究岩性相同孔隙大小不同的层叠加对岩心声电特性的影响，因此在前人研究基础上，我们利用改进之后的过程法构建了不同孔隙度、不同孔喉半径的层状砂岩数字岩心。为了构建层状砂岩数字岩心，在过程法的沉积过程中，选取两种大小不同粒径的沉积颗粒，粒径分别为 r_1、r_2。沉积过程中，为了避免沉积的小颗粒"陷入"沉积的大颗粒构成的孔洞中，大小颗粒的粒径应满足 $r_2 > (\sqrt{2} - 1) r_1$。利用两种粒径沉积了一个三层薄层砂岩模型，其中上层和地层采用小粒径颗粒沉积，中间层采用大粒径颗粒沉积。

沉积过程完成之后，采用式（2 - 17）所示的压实公式，将每个沉积颗粒沿垂向往 xy 平面偏移一段距离。随后采用式（2 - 18）模拟成岩作用，构建层状数字岩心。图 2 - 30 是采用改进的过程法构建的一个具有三层结构的层状数字岩心，其中数字岩心模型大小为 300 像素 × 300 像素 × 300 像素，顶层和底层是由半径为 60μm 的颗粒沉积而成，中间层是由半径为 120μm 的颗粒沉积而成，其中小孔隙层的孔隙度为 15%，中间大孔隙层的孔隙度为 25%。

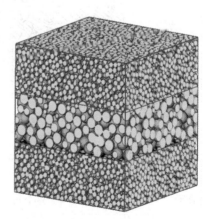

图 2 - 30　构建的层状数字岩心

第三章　数字岩心孔隙结构确定方法

第一节　储层岩石孔隙模型发展的几个阶段

为了将储层岩石复杂的孔隙空间用有限个单元组成的孔隙结构模型来等价表示，人们一直试图提出各种孔隙模型，孔隙模型也经历了以下几个发展阶段。

一、毛细管束模型

毛细管束模型是把实际多孔介质复杂的孔隙空间用一组等长度、不同直径的毛细管近似表示（图 3 – 1）。由于毛细管束模型比较简单而且在数学上容易求解，这种模型易于为地质学家所接受。

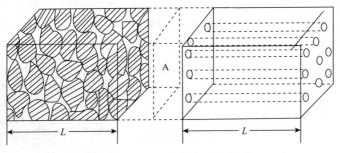

图 3 – 1　毛细管束模型示意图

在 20 世纪 50 年代前后，毛细管束模型在研究岩石物理性质上起了很大作用。由于可以采用流体力学中的 Poiseuille 定律对每一个毛细管的流动参数进行精确计算，这也补偿了模型不能表示真实储层岩石孔隙空间的不足。但是，由于模型过于简化，进行实际孔隙介质精确模拟主要存在两方面的问题：一是毛细管之间互不连通，从而会导致极端各向异性；二是每一支毛细管都是等径的圆形毛管，因此只能进行单相流动模拟。虽然为了弥补上述两个问题作了很大努力，例如提出了复合毛细管束模型。这种模型很早以前称为"气泡冷凝器"式的毛细管。复合毛细管束是一种由大小不同的短管子串联而成的毛细管组合。它是等径毛管束模型的扩展。当储集岩的孔隙是由一串大小不同直径的孔隙和喉道组成时，可以用复合的毛细管束模型来近似（图3－2）。

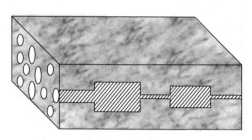

图3－2　复合毛细管束模型示意图

虽然做了一些改进，但毛细管束模型还是不能反映真实的孔隙空间。尽管如此，毛细管束模型仍然广泛地被各方面的储集岩研究者所使用。

二、毛管网络模型

1956 年，Fatt 提出了毛管网络模型。他将一系列毛细管组成规则的网络形式，每一个毛细管的半径采用随机方法赋值。毛管网络模型克服了毛细管束模型极端各向异性的缺点，使得毛细管之间可以互相连通。当然，它与实际的砂岩或碳酸盐岩不规则形状孔隙的三维不规则网络相比较，仍然还是近似的。

由于计算条件的限制，Fatt 只建立了二维毛管网络模型。二维网络模型可以有多种组成结构，主要包括单六边形、正方形、双重六边形和三重六边形（图3－3）。不同毛管网络的类型可以用配位数 Z 来描述，它表示网络中每一支

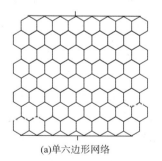

(a)单六边形网络

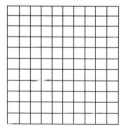

(b)正方形网络

图3－3　4 种常用的毛管网络模型示意图

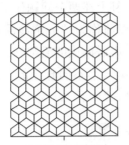

(c)双重六边形网络　　　　　　　　(d)三重六边形网络

图 3 - 3　4 种常用的毛管网络模型示意图（续）

管子的两端同其他管子相连接的数量。4 种毛管网络模型和两种毛管束模型的配位数值列于表 3 - 1 中。

表 3 - 1　4 种网络和两种毛管束模型的 Z 系数

网络	配位数 Z	网络	配位数 Z
复合毛管束	2	双重六边形	7
单六边形	4	三重六边形	10
正方形	6	简单毛管束	∞

三、孔隙网络模型

毛管网络模型没有区分孔隙和喉道，由于实际孔隙空间几何形态变化多样，提出了将实际孔隙空间用规则几何形状的孔隙单元和喉道单元相互连接表示的孔隙网络模型。孔隙单元的几何形状一般有球体、立方体和柱体；喉道单元一般为柱体或双椎体，只是变化柱体横截面的形状，一般有圆形、矩形和三角形。孔隙和喉道尺寸的赋值方法比较多样，许多研究者发现孔隙和喉道尺寸满足一定的分布规律，因此应用概率分布函数对孔隙和喉道赋值。目前比较常用的分布有对数正态分布、威布尔分布、截断威布尔分布、β 分布、van Genuchten 型累积函数分布和 Rayleigh 分布。

虽然孔隙网络模型可以是二维或者三维，但是由于二维孔隙网络模型不能很好的表示实际多孔介质的连通性，因此实际应用中主要使用三维孔隙网络模型。最常用的孔隙网络模型是立方网格的孔隙网络模型（图 3 - 4），配位数（指与孔隙单元相连喉道单元的数目）等于或者小于 6。对于真实孔隙介质，由于其配位数可能比 6 大并且不满足均匀分布，虽然立方网格的孔隙网络模型可以通过调整配位数来达到一定的配位数分布或者通过调整拓扑结构与某一实验结果吻合，但是这种调整是非唯一的，会丢失孔隙空间局部或整体的相关性及配位数分布等基本特征。因而立方网格的孔隙网络模型不能表示真实的多孔介质。为了克服立方网格孔隙网络模型的不足，Blunt 等提出了 Voronoi 孔隙网络模型（图 3 - 5），Lowry，Idowu 提出了随机孔隙网络模型（图 3 - 6）。

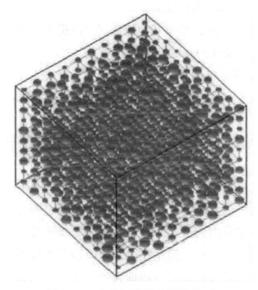

图 3 - 4　立方网格孔隙网络模型

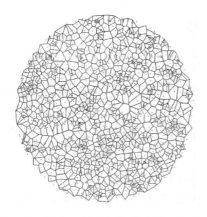

图 3 - 5　Voronoi 孔隙网络模型的一个截面

图 3 - 6　随机孔隙网络模型

　　Voronoi 孔隙网络模型生成的思路是：首先在三维空间中随机生成若干点，然后围绕每个随机点用 Voronoi 多面体对三维空间进行剖分，用每个多面体的顶点表示孔隙，边表示喉道，最后得到 Voronoi 孔隙网络模型。

随机孔隙网络模型生成的思路是：

（1）确定随机网络生成的区域大小。

（2）将孔隙随机的分布于网络生成区域，同时将配位数和孔隙半径赋给每个孔隙，计算孔隙权重。

（3）对每一个放入网络生成区域的孔隙按照先后顺序进行编号。

（4）确定一个最大的喉道长度值。

（5）从第一个孔隙开始，按照其配位数 Z，以最大喉道长度值为约束，寻找 Z 个邻近的孔隙，所有找到的孔隙其配位数减 1。

（6）计算每个喉道的权重。

（7）重复步骤（5）和步骤（6）思路进行下一个孔隙的处理，直到所有的孔隙都处理完毕。

（8）按照从小到大的顺序对喉道权重排序，然后将喉道半径从小到大依次赋给每个喉道。

孔隙网络模型区分了孔隙和喉道，同时孔隙和喉道具有不同的形状、尺寸和拓扑结构，因此更加接近真实多孔介质的孔隙结构，也被广泛的应用于储层岩石物理属性模拟，这一部分内容已在第一章中阐明。虽然孔隙网络模型在孔隙级流动模拟方面取得了很大的成功，但是孔隙网络模型并不能反映储层岩石真实的孔隙结构，因此只能用来研究储层岩石物理属性的微观响应机理，并不能准确预测储层岩石的物理属性。

四、基于数字岩心的孔隙网络模型

孔隙模型能够代表储层岩石的关键在于是否具有与真实岩石相同的微观孔隙几何特征和拓扑属性。Øren 和 Bakke 指出，如果能够对储层岩石孔隙结构进行定量表征，并且得到孔隙空间的润湿性和孔隙尺度满足的物理流动规律，就可以精确的预测储层岩石的渗流属性。随着高分辨率 X 射线 CT 技术的出现，可以比较精确的获得反映储层岩石微观结构的三维图像，也就是数字岩心，以此对储层岩石进行定量表征，可以得到反映储层岩石微观结构的孔隙模型。

如果数字岩心采用物理方法获得，基于数字岩心构建的孔隙网络模型可以反映储层岩石真实的拓扑结构；如果数字岩心采用数学方法获得，则基于数字岩心构建的孔隙网络模型与真实岩石的拓扑结构仍有差异，但是与上一节提到的孔隙网络模型相比，其拓扑结构有了很大改进，因此将两者归于一类。基于数字岩心构建的孔隙网络模型是目前孔隙模型发展的最高水平，构建方法主要包括多方向切片扫描法、孔隙居中轴线法、Voronoi 图表法和最大球方法。

1. 多方向切片扫描法

Zhao 等对数字岩心沿孔隙空间进行了多方向切片扫描，不同方向切面相交处的局部最小孔隙空间定义为喉道。该方法很难准确探测孔隙，但是多方向切片扫描的思想被孔隙居中轴线法借鉴用来构建孔隙网络模型。

2. 孔隙居中轴线法

储层岩石复杂的孔隙空间可以看做是不同形状管道互相连接而成的，如果把每个管道用其中心的居中轴线表示，就能得到反映储层岩石孔隙空间拓扑结构的孔隙居中轴线网络。两个或两个以上居中轴线的交点表示孔隙，交点之间居中轴线的局部最小区域表示喉道。

孔隙居中轴线可以通过细化算法或者燃烧算法得到。从数字岩心骨架向孔隙空间中心轴线经过腐蚀运算，直到剩下一个孔隙体素，则从骨架到孔隙方向腐蚀掉的孔隙体素数就是该孔隙体素对应的局部最大内切球。

孔隙居中轴线可以再现储层岩石的拓扑结构，但是孔隙居中轴线法不能准确识别孔隙。一方面的原因是由于算法本身对数字岩心噪音的敏感性，会产生许多冗余枝节，划分孔隙和喉道之前需要去掉这些冗余枝节。另一方面的原因是在一个孔隙中会产生多个居中轴线交点，需要采用合适的算法将多个交点进行合并。图 3-7 为清除冗余枝节和未清除冗余枝节的居中孔隙轴线图。

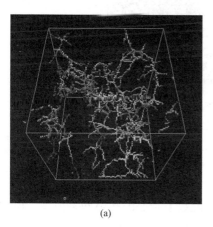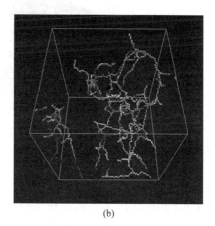

(a)　　　　　　　　　　　　(b)

图 3-7　未清除（a）和清除（b）冗余枝节的居中轴线图

Silin 和 Patzek 指出了孔隙居中轴线法识别孔隙和喉道存在的一些问题。根据居中轴线法，图 3-8（a）具有 4 个孔隙且配位数为 3，但是该图应该是一个孔隙；图 3-8（b）为一个平行六面体，根据居中轴线法，应该具有 4 个孔隙，但是实际上只是一个孔隙。为了减少冗余枝节，Sheppard 等开发了一种合并算法，得到的孔隙网络模型如图 3 - 9 所示。虽然孔隙居中轴线法可以有效获得储层岩石的连通特性，但是在识别孔隙时仍然存在问题。

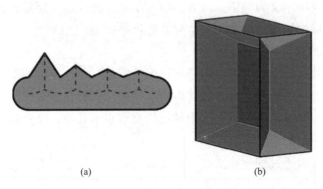

(a)   (b)

图 3 - 8   具有扰动边界的 2D 图形的中轴线（a）和简单 3D 图形的中轴线（b）

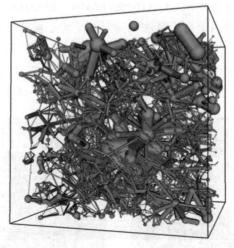

图 3 - 9   采用孔隙居中轴线法提取的碳酸盐岩的孔隙网络模型示意图（据 Sheppard 等）

3. Voronoi 图表法

Voronoi 图表法用来提取过程模拟法重建数字岩心的孔隙网络模型。Bryant 等构建了 Delaunay 单元作为提取孔隙网络模型的基础。Delaunay 单元是指在 d 维空间中中分布有若干点，将其中最近的 $d+1$ 个连接所形成的图形。每个 Delaunay 单元表示一个孔隙，每个 Delaunay 单元的面或边表示喉道。对于三维空间，每个 Delaunay 单元都是一个四面体，因此，每个孔隙都有四个喉道与其相连，配位数为 4。

　　Øren 等采用极限膨胀算法，将所有沉积颗粒的半径逐次增大，记录每次增大后各颗粒的交点，所有交点构成 Voronoi 图表，最终可得到用 Voronoi 多面体剖分的孔隙空间，多面体的顶点定义为孔隙，多面体的边定义为喉道。可得到过程模拟法重建数字岩心孔隙网络模型的拓扑结构。该拓扑结构提供了研究孔隙空间连通性的可视化和定量化的信息。将孔隙网络模型的拓扑结构分割为孔隙和喉道即可得到孔隙网络模型。图 3 - 10 就是采用该算法获得的孔隙网络模型的拓扑结构和孔隙网络模型。

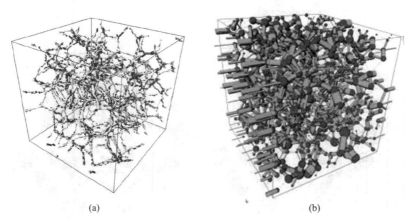

(a)　　　　　　　　　　　　　　　(b)

图 3 - 10　采用 Voronoi 图表法获得的拓扑结构（a）及孔隙网络模型（b）

　　Delurue 等将 Voronoi 图表法扩展到非过程模拟法构建数字岩心的孔隙网络模型构建中，计算得到的等效水力传导率与实验测量结果一致，但是 Okabe 等利用 Delurue 的算法得到的 Berea 砂岩的拓扑结构与 Øren 等得到的相差甚远。因此，Voronoi 图表法不适用于非过程模拟法重建数字岩心孔隙网络模型的构建。

　　4. 最大球方法

　　为了解决孔隙居中轴线法识别孔隙的困难，Silin 等提出了最大球算法（图 3 - 11），用来识别数字岩心的孔隙和喉道。与孔隙居中轴线方法不同，最大球算法不需要细化孔隙空间，而是寻找每一个孔隙体素与骨架体素或边界相切的最大内切球，去掉包含在其他最大内切球中的内切球，剩下的最大内切球称为最大球。局部半径最大的最大球定义为孔隙，在两个孔隙之间局部半径最小的最大球定义为喉道。虽然 Silin 只是计算了无量纲的排替毛管压力曲线而没有提取孔隙网络模型，但是他的工作为后来的研究者提供了研究思路，也给出了编程实现最大球方法构建孔隙网络模型的算法。

　　Al-Kharusi 和 Blunt 发展了 Silin 等的最大球算法。Silin 将最大球分成了主球

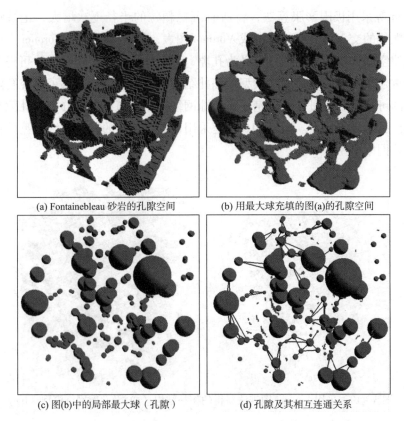

(a) Fontainebleau 砂岩的孔隙空间　　　　(b) 用最大球充填的图(a)的孔隙空间

(c) 图(b)中的局部最大球（孔隙）　　　　(d) 孔隙及其相互连通关系

图 3 - 11　最大球算法示意图（据 Silin 等）

和仆球两类。对于两个相交的最大球，半径较大者为主球，半径较小者为仆球。Al-Kharusi 和 Blunt 对最大球之间相互关系的定义更加全面，提出了友球的概念。友球是指相交且半径相等的最大球互为友球。这样可以解决将孔隙空间转化为最大球过程中的概念不清晰。虽然 Al-Kharusi 和 Blunt 构建了碳酸盐岩和砂岩数字岩心等效的孔隙网络模型，并且成功预测了绝对渗透率，但是他们的算法需要占用大量的内存，并且运行时间很长。因此只能用于构建尺寸较小的数字岩心的孔隙网络模型。一般只能构建孔隙数在 1000 以下规模的孔隙网络模型。

　　Dong 改进了 Silin、Al-Kharusi 的最大球方法。Silin 将每一个孔隙体素逐步膨胀来寻找该孔隙体素对应的最大球，Dong 采用两步寻找算法确定每个孔隙体素对应的最大球，极大的提高了运算效率。同时，Dong 改进后的算法也不再采用主球、仆球和友球这一分类关系，而是根据最大球的半径和等级，采用一种树状结构和成簇算法确定数字岩心孔隙空间的孔隙和喉道。树状结构的根节点定义为孔隙，两根节点共同的叶节点定义为喉道。图 3 - 12 为 Dong 采用改进后的最大球方法构建的碳酸盐岩的孔隙网络模型。虽然 Dong 改进后的最大球算法极大地提高了建模速度，并且减少了内存的占用，但是仍然存在以下几个问题：

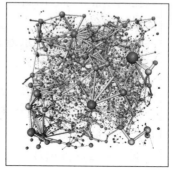

图 3 – 12　采用最大球方法建立的碳酸盐岩孔隙网络模型（据 Dong）

（1）当岩心分辨率不够时，识别出的小喉道太多，这与实际不符。

（2）由于离散数据长度和尺寸定义的模糊性，识别出的喉道不一定是真实尺寸的喉道，而孔隙居中轴线法采用切片的办法可以识别出真实的喉道尺寸。

（3）构建的孔隙网络模型的孔隙长度偏大而喉道长度偏小，间接影响其他孔喉参数确定的精度，而且计算的渗透率偏大。

针对 Dong 改进后的最大球算法的不足之处，进一步完善了 Dong 的最大球方法，主要完善之处在于孔隙空间的分割及孔隙和喉道参数的确定方法上，将在下一小节详细介绍。

第二节　最大球方法建立孔隙网络模型

本节详细介绍完善后的最大球方法。首先对最大球方法用到的基本概念进行解释，然后介绍最大球方法提取数字岩心孔隙网络模型的具体实现过程，最后对最大球方法构建孔隙网络模型的准确性进行验证。

一、基本概念

最大球方法提取孔隙网络模型过程中两个最基本的概念是最大球和簇。

1. 最大球

体素：在三维空间中，用以进行空间信息的数据记录、处理、表示等所采用的具有一定大小的最小体积单元。

孔隙体素：数字岩心中表示孔隙部分的最小体积单元。

骨架体素：数字岩心中表示骨架部分的最小体积单元。

内切球：以孔隙体素为球心向四周等速延伸，直到碰到最近的骨架体素，延伸区域中所有体素的集合。

冗余球：设 B 表示内切球，如果存在 A 为任一内切球，使得 $B \subset A$，则称 B 为冗余球。

最大球：设所有内切球的集合用 I 表示，冗余球的集合用 M 表示，则 $I\text{-}M$ 就为最大球集合，其中每个元素称为最大球。任意一个最大球至少包含一个其他最大球没有的体素。所有最大球的集合可以没有冗余的描述整个孔隙空间。

在连续空间中，球体可以用球心坐标和半径就可以完全确定。在离散空间中，由于体素之间的不连续性，很难精确的定义球体的半径（图 3 – 13）。因此，通过定义半径的上下界限来解决这一问题。

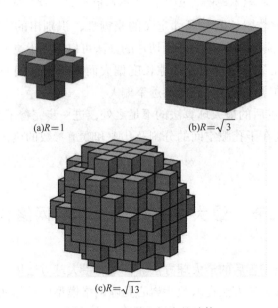

(a)$R=1$ (b)$R=\sqrt{3}$

(c)$R=\sqrt{13}$

图 3 – 13 离散空间中的球体

半径上界 R_u 的平方表示从最大球球心体素 $C(x_c, y_c, z_c)$ 到距离最近的骨架体素 $G(x_g\, y_g, z_g)$ 之间欧几里德距离的平方：

$$R_u^{\,2} = L^2(C,G) = (x_g - x_c)^2 + (y_g - y_c)^2 + (z_g - z_c)^2, C \in V, G \in V_g$$

$$(3-1)$$

式中，V 和 V_g 分别为孔隙体素集合和骨架体素集合。

半径下限 R_d 的平方表示从半径上界定义的最大球集合中选取孔隙体素 P (x, y, z)，使得 P 与最大球球心体素 C 之间的距离最大，则这一距离的平方就是半径下限 R_d 的平方。

$$R_d^2 = \max\left[L^2(C,P) \mid L^2(C,P) < R_u^2, C \in V, P \in V\right] \qquad (3-2)$$

大多数情况下，R_d 和 R_u 的差别不会超过两个体素，但对于半径较小的球，这个差别是不可忽略的。R_d 的定义与 Silin 对最大球半径的定义类似，在后面会看出，R_u 的定义对于孔隙和喉道的识别非常重要。

2. 簇

数字岩心的孔隙空间可以用最大球集合完全表示。为了对孔隙空间的拓扑结构进行分析，需要将最大球融合为簇，主要定义两种簇：单簇和多簇。

单簇是指最大球集合中任一最大球及与其相交且半径小于等于该球的最大球的集合。采用树这样一种数据结构描述簇内各元素之间的关系。该任意最大球称为主结点，与其相交且半径小于等于该球的最大球称为子节点。寻找任一主结点的子结点的方法如图 3-14 所示。将主结点的半径增大一倍，判断周围最大球是否与半径扩大后的主结点相交，如果相交，且半径小于等于该主结点半径，则将该最大球吸收至主结点的单簇中。为了避免丢失孔隙空间的连通性，在判断两个最大球是否相交时应用最大球半径的上界 R_u，具体判断标准如式（3-3）所示：

$$L(C,C_i) < R_u + R_{ui}, C \in V, C_i \in V \qquad (3-3)$$

式中，C、C_i、R_u、R_{ui} 分别为主结点及与其二倍半径相交的最大球的球心和半径上界。

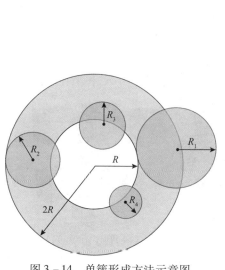

图 3-14 单簇形成方法示意图

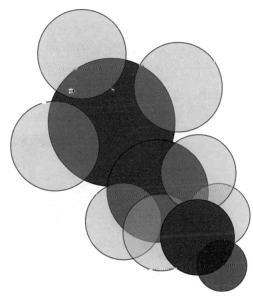

图 3-15 多簇示意图

主结点和子结点的概念只是相对的，如果子结点还有下一层级的子结点，则该子结点就是下一层级子结点的的主结点；如果主结点有上一层级的主结点，则该主结点就是上一层级的主结点的子结点。如果某主结点没有子结点，则称该主结点为叶结点。如果某主结点没有上一层级的主结点，则称该主结点为根结点。用一个整数来表示主结点和子结点在整个树状结构中的层级，根节点的层级为1，根节点的子结点的层级为2，其他依次类推。主结点可以吸收下一层级的子结点，下一层级的子结点又可以吸收下下一层级的子结点，依此类推形成多簇（图3-15）。每一层级子结点形成单簇的方法都采用上面提到的方法。通过多簇分析的逆过程可以追溯到任意一个子结点的根节点。

二、孔隙空间的最大球集合表示

1. 建立内切球

基于数字岩心，采用最大球方法提取孔隙网络模型的初始数据是采用任何方法建立的三维矩阵形式的数字岩心，矩阵中的1和0或类似这样的整数分别表示骨架体素和孔隙体素。

对于孔隙空间的每一个孔隙体素，采用 Dong 提出的两步搜索算法获得每一个孔隙体素对应的内切球。第一步是采用扩张算法，找出距离孔隙体素最近的骨架体素存在的范围；第二步是采用收缩算法，真正确定孔隙体素对应的内切球，并计算内切球半径上界和下限。

扩张算法从 26 个方向搜索距离孔隙体素最近的骨架体素或边界，搜索方向如图3-16所示。根据步长的不同，26个搜索方向被分成了3类（表3-2）。如果在26个方向中的某一个方向找到了距离孔隙体素最近的骨架体素或边界，则算法终止，以该体素到孔隙体素之间的距离为半径的球体作为收缩算法的寻找范围。检测该范围内的每一个体素，从而确定内切球的半径上界 R_u 和半径下限 R_d。

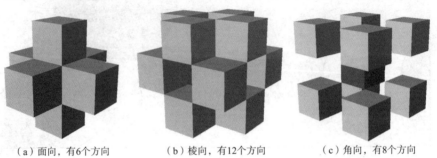

（a）面向，有6个方向　　　　（b）棱向，有12个方向　　　　（c）角向，有8个方向

图3-16　孔隙体素的26个搜索方向

表 3 – 2　三类方向的循环变量

类型	循环变量
面向	$(i++,j,k),(i--,j,k),(i,j++,k),(i,j--,k),(i,j,k++),(i,j,k--)$
棱向	$(i++,j++,k),(i++,j--,k),(i--,j++,k),(i--,j--,k)$
	$(i++,j,k++),(i++,j,k--),(i--,j,k++),(i--,j,k--)$
	$(i,j++,k++),(i,j++,k--),(i,j--,k++),(i,j--,k--)$
角向	$(i++,j++,k++),(i++,j++,k--),(i++,j--,k++),(i++,j--,k--)$
	$(i--,j++,k++),(i--,j++,k--),(i--,j--,k++),(i--,j--,k--)$

所有孔隙体素对应的内切球集合可以用下式表示

$$B = B(C_i, R_{di}, R_{ui}), B \subset V, C_i \in V, i = 1,2,3,\cdots,n \qquad (3-4)$$

式中，B 为内切球集合；V 为所有孔隙体素的集合；C_i，R_{ui}，R_{di} 分别为第 i 个内切球的球心，半径上界和半径下限；n 表示孔隙体素的总数。

2. 删除冗余球

冗余球对孔隙空间的表示没有任何贡献，需要删除。设内切球 A 和 B 的球心和半径下限分别为 C_A、C_B、R_{dA}、R_{dB}，且，如果满足条件：

$$L(C_A, C_B) \leqslant | R_{dA} - R_{dB} | \qquad (3-5)$$

则内切球 B 是冗余球。

由于孔隙空间的离散型，采用式（3 – 5）仍然会留下一些未被删除的冗余球，如图 3 – 17 所示。图中左侧较大的球的半径为 $\sqrt{13}$ 个体素长度，中间较小的

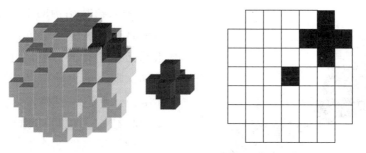

图 3 – 17　残留冗余球示意图

球的半径为 1 个体素长度，右侧的图为左侧图的切面。从左侧的图可以清楚的看出半径较小的球包含在半径较大的球中，是冗余球，但是根据式（3 – 5），两者球心的距离 $\sqrt{8}$ 大于两者半径之差 $\sqrt{13} - 1$，得到半径较小的球不是冗余球的错误结论。为了解决这一问题，根据式（3 – 5）判定半径较小的内切球是否为冗余

球时，半径较大的球的半径需应用半径上界 R_u 而半径较小的内切球半径仍使用半径下限 R_d 即可。

删除冗余球后的内切球集合就是最大球集合，同时也把孔隙空间的体素表示转换为最大球集合表示，每个孔隙体素属于一个或多个最大球。最大球集合可以没有冗余信息的表示整个数字岩心的孔隙空间。

三、孔隙喉道识别

根据 Dong 提出的成簇算法对最大球集合中的元素进行孔隙喉道划分，步骤如下：

（1）将最大球集合中的元素按照半径上界 R_u 从大到小排序，然后将排序后的最大球集合划分为一系列的子集，每一个子集中最大球的 R_u 相同。设第一个子集（表示 R_u 最大的一个子集，其他子集以此类推）中元素的个数为 M，并设最大球集合中所有元素的初始层级为无穷大。

（2）从第一个子集中的元素 A 开始，定义该最大球为根结点，表示孔隙，并设定根结点的层级为1，表示该根结点为本树状结构的源头。所有与 A 相交，且半径上界小于等于 A 的最大球被根节点 A 吸收，并标记层级为2，也就是形成 A 的单簇。

（3）对第一个子集中剩余的 $M-1$ 个元素按照它们的层级排序，然后从剩余元素的第一个元素 B 开始，继续形成 B 的单簇。如果球 B 在处理之前层级为无穷大，则定义 B 为另一个根节点，也就是另一个孔隙。如果 B 的等级不是无穷大，则 B 视为树状结构的中间结点。如果 B 在形成单簇过程中包含的某一个最大球已经拥有根节点，且根节点与 B 不同，则该最大球定义为顶结点，表示喉道。喉道一旦确定，便形成了两个树状结构（也可以称作多簇）。树状结构的示意图如图 3 - 18 所示，图中从根节点到顶结点之间的黑色的最大球表示树状结构的主干，浅色的最大球表示附属于树状结构主干的枝节。

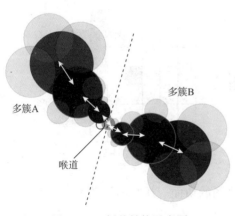

图 3 - 18　树状结构示意图

（4）对第一个子集中剩余的元素按照同样的排序和成簇算法进行处理。如果第一个子集中的元素全部处理完毕，则处理下一个半径较小最大球的子集。

（5）对所有的子集进行同样的处理，直到处理到最小孔隙半径下限为 R_0 的子集。根据图像分辨率的不同，最小孔隙半径下限 R_0 的取值也不同，一般设为 1，如图 3 – 19（a）所示。图中最小孔隙的 $R_d = 1$，$R_u = \sqrt{2}$。若某一子集元素的半径下限小于 R_0，则该子集以及下一子集中的元素只能视为孔隙连通的通道，也就是喉道，而不能形成孔隙，如图 3 – 19（b）所示。

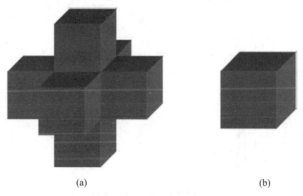

(a)   (b)

图 3 – 19　最小孔隙和喉道示意图

采用排序分级的方法可以避免由相同尺寸最大球带来的算法模糊，因为采用排序分级方法后，每个最大球不仅可以通过半径来区分，而且还可以通过层级来区分。

四、Dong 的孔隙空间分割方法

经过成簇算法处理后，形成的树状结构的主干构成了孔隙空间的骨骼，可以反映孔隙空间的拓扑结构，相当于孔隙居中轴线法得到的的孔隙居中轴线，其他的最大球作为血肉，用来表征每一个孔隙或喉道的剖面形状及体积。

采用成簇算法处理后的最大球集合仅仅有一小部分最大球被标记为孔隙或喉道，还有绝大部分最大球未被赋予孔隙或喉道属性。Dong 采用的方法是将每一个树状结构主干的根节点（也就是孔隙）与顶节点（也就是喉道）之间的最大球用 0.7 倍规则赋予孔隙或喉道属性。具体做法是：

设孔隙半径上界为 R_{up}，球心为 C_p；喉道半径上界为 R_{ut}，球心为 C_t；孔隙与喉道之间最大球的半径上界为 R_{ui}，球心为 C_i，如果该最大球满足下面的条件：

$$\frac{R_{ui} - R_{ut}}{R_{up} - R_{ut}} > 0.7, R_{up} > R_{ut}$$

$$\frac{L(C_i, C_t)}{L(C_p, C_t)} > 0.7, R_{up} = R_{ut} \qquad (3-6)$$

则为该最大球赋予孔隙属性，否则赋予喉道属性。

由于孔隙空间的复杂性，应用 0.7 倍规则确定的最终孔隙长度偏大而喉道长度偏小，如图 3-20 所示。为了解决这一问题，Dong 根据 Øren 和 Bakke 的方法对孔隙长度和喉道长度进行了修正，如图 3-21 所示。喉道长度 l_t 定义为总喉道长度（l_{ij}）减去两个孔隙的长度 l_i 和 l_j。总喉道长度 l_{ij} 定义为两个孔隙 i 和孔隙 j 球心的距离。

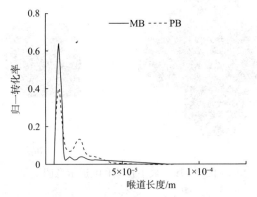

图 3-20　最大球算法（MB）和 Voronoi 图表法（PB）建立的孔隙网络模型的喉道长度分布（据 Dong）比较

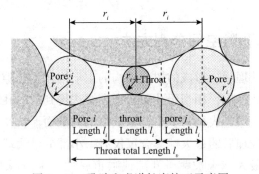

图 3-21　孔隙和喉道长度校正示意图

$$l_t = l_{ij} - l_i - l_j \qquad (3-7)$$

孔隙长度 l_i 和 l_j 的定义为

$$l_i = l_i^t \left(1 - 0.6\frac{r_t}{r_i}\right) \qquad (3-8)$$

$$l_j = l_j^t \left(1 - 0.6 \frac{r_t}{r_j} \right) \qquad (3-9)$$

式中，r_i、r_j、r_t 分别为孔隙 i、孔隙 j 和喉道的半径；l_i^t 和 l_j^t 分别为孔隙 i、j 球心和喉道球心的距离。

五、孔隙空间分割方法的改进

Dong 提出的孔隙空间分割方法存在的主要问题是：

（1）0.7 倍规则中 0.7 这个数的选择比较随意，缺乏依据。

（2）确定的孔隙长度偏大而喉道长度偏小，间接影响其他孔隙和喉道参数的确定。

（3）需要对孔隙和喉道长度进行修正。

针对上述问题，采用计算机图形学中的几何变换技术和应用统计学中的判别分析方法确定孔隙和喉道的长度，从而确定孔隙和喉道的其他参数。判别分析方法在第二章已经做过介绍，此处主要对几何变换技术进行简单的介绍。

1. 图形的几何变换技术

图形的几何变换是指对图形的几何信息经过平移、缩放、旋转等变换后产生新的图形。图形几何变换最基本的是点变换。此处就点变换介绍图形几何变换技术。

图形的平移变换是指图形对象沿直线运动产生的变换。在笛卡尔坐标系中，对于二维图形，设点 $P(x, y)$ 在 x 方向平移的距离为 T_x，在 y 方向平移的距离为 T_y，变换后的点用 $P'(x', y')$ 表示，写成矩阵形式为：

$$\begin{pmatrix} x' \\ y' \end{pmatrix} = \begin{pmatrix} x \\ y \end{pmatrix} + \begin{pmatrix} T_x \\ T_y \end{pmatrix} \qquad (3-10)$$

即 $P' = P + T$，T 表示平移变换向量。

图形的旋转变换是指图形对象沿圆弧路径运动产生的变换。需要指定旋转的基准点、旋转角度和旋转方向。点 $P(x, y)$ 绕坐标原点逆时针旋转角度 θ 后的变换矩阵为：

$$\begin{pmatrix} x' \\ y' \end{pmatrix} = \begin{pmatrix} \cos\theta & -\sin\theta \\ \sin\theta & \cos\theta \end{pmatrix} \begin{pmatrix} x \\ y \end{pmatrix} \qquad (3-11)$$

即 $P' = RP$，R 表示旋转变换矩阵。

图形的缩放变换是指改变图形对象大小的变换。需要指定缩放的基准点和缩放因子。点 $P(x, y)$ 针对坐标原点缩放 (S_x, S_y) 后的变换矩阵为：

$$\begin{pmatrix} x' \\ y' \end{pmatrix} = \begin{pmatrix} S_x & 0 \\ 0 & S_y \end{pmatrix} \begin{pmatrix} x \\ y \end{pmatrix} \qquad (3-12)$$

即 $P' = SP$，S 表示缩放变换矩阵。

在对图像进行操作的时候，经常要对图像连续做几次变换。例如做了平移后再做旋转，做缩放等等。从上面二维图形的几何变换可以看出，旋转变换、缩放变换等都是线性变换，都可以用矩阵表示，这样旋转和缩放就可以合并成：

$$\begin{pmatrix} x' \\ y' \end{pmatrix} = T' \begin{pmatrix} x \\ y \end{pmatrix} \qquad (3-13)$$

但是平移变换不能写成矩阵相乘形式，也就不能合并到上式中，因为在直角坐标系中，它不是线性变换。为了将平移变换也合并到上式中，引入齐次坐标的概念。

1）齐次坐标表示

齐次坐标表示就是将 N 维向量用 $N+1$ 维向量表示。如把二维平面上的点 $P(x,y)$ 放到三维空间中表示为 $[X, Y, H]$，使得 $x = X/H$，$y = Y/H$，则称 $[X, Y, H]$ 是点 P 的齐次坐标表示。如规定齐次坐标的第三个分量 H 必须是 1，则称为规范齐次坐标。$P(x, y)$ 的规范齐次坐标是 $[x, y, 1]$。显然，二维空间中描述的点与齐次坐标空间中描述的点是一对多的关系。

应用规范齐次坐标表示，二维图形的平移变换、旋转变换和缩放变换可以表示为统一的形式：

$$P' = TP \qquad (3-14)$$

2）三维图像几何变换

每个三维点 (x, y, z) 对应于一个规范齐次坐标 $[x, y, z, 1]$。所有的三维变换都可通过乘以一个 4×4 的变换矩阵来进行。

点 (x, y, z) 沿 x 轴方向平移 T_x 距离，沿 y 轴方向平移 T_y 距离，沿 z 轴方向平移 T_z 距离，变成点 (x', y', z')，这一平移变换过程的变换矩阵表达式为：

$$\begin{pmatrix} x' \\ y' \\ z' \\ 1 \end{pmatrix} = \begin{pmatrix} 1 & 0 & 0 & T_x \\ 0 & 1 & 0 & T_y \\ 0 & 0 & 1 & T_x \\ 0 & 0 & 0 & 1 \end{pmatrix} \begin{pmatrix} x \\ y \\ z \\ 1 \end{pmatrix} \qquad (3-15)$$

设一个点沿 x, y, z 轴缩放的比例分别为 S_x, S_y, S_z，则缩放变换矩阵表达式可表示为：

$$\begin{pmatrix} x' \\ y' \\ z' \\ 1 \end{pmatrix} = \begin{pmatrix} S_x & 0 & 0 & 0 \\ 0 & S_y & 0 & 0 \\ 0 & 0 & S_z & 0 \\ 0 & 0 & 0 & 1 \end{pmatrix} \begin{pmatrix} x \\ y \\ z \\ 1 \end{pmatrix} \tag{3-16}$$

当 $|S_x|$，$|S_y|$，$|S_z|$ 分别大于 1 时，为物体的放大；小于 1 时，为缩小变换。

当 $|S_x|$，$|S_y|$，$|S_z|$ 皆等于 1 时，即为恒等变换。

当 S_x，S_y，S_z 分别小于 0 时，作相应坐标平面的镜面变换。

三维旋转变换需要指定旋转轴、旋转角度和旋转正方向。本节就最基本的绕坐标轴 X、Y 和 Z 的旋转变换做一介绍。旋转变换的正方向规定为迎着坐标轴正方向看坐标原点，逆时针方向为正方向。

空间中的物体绕 X 轴旋转时，保持物体上各点的 X 坐标不变，通过改变 Y、Z 坐标实现旋转。设立体绕 X 轴旋转角度 α，则坐标变换公式为：

$$\begin{aligned} x' &= x \\ y' &= y \cdot \cos\alpha - z \cdot \sin\alpha \\ z' &= y \cdot \sin\alpha + z \cdot \cos\alpha \end{aligned} \tag{3-17}$$

写成齐次坐标形式的变换矩阵表达式为：

$$\begin{pmatrix} x' \\ y' \\ z' \\ 1 \end{pmatrix} = \begin{pmatrix} 1 & 0 & 0 & 0 \\ 0 & \cos\alpha & -\sin\alpha & 0 \\ 0 & \sin\alpha & \cos\alpha & 0 \\ 0 & 0 & 0 & 1 \end{pmatrix} \begin{pmatrix} x \\ y \\ z \\ 1 \end{pmatrix} \tag{3-18}$$

类似的，可以得到空间上的立体绕 Y 轴旋转 β 角度和绕 Z 轴旋转 γ 角度的变换矩阵表达式，具体形式见式（3-19）和式（3-20）：

$$\begin{pmatrix} x' \\ y' \\ z' \\ 1 \end{pmatrix} = \begin{pmatrix} \cos\beta & 0 & \sin\beta & 0 \\ 0 & 1 & 0 & 0 \\ -\sin\beta & 0 & \cos\beta & 0 \\ 0 & 0 & 0 & 1 \end{pmatrix} \begin{pmatrix} x \\ y \\ z \\ 1 \end{pmatrix} \tag{3-19}$$

$$\begin{pmatrix} x' \\ y' \\ z' \\ 1 \end{pmatrix} = \begin{pmatrix} \cos\gamma & -\sin\gamma & 0 & 0 \\ \sin\gamma & \cos\gamma & 0 & 0 \\ 0 & 0 & 1 & 0 \\ 0 & 0 & 0 & 1 \end{pmatrix} \begin{pmatrix} x \\ y \\ z \\ 1 \end{pmatrix} \tag{3-20}$$

3）三维复合变换

上述讨论的只是相对坐标原点或坐标轴所做的基本几何变换，如果三维物体绕空间任意点或任意的直线旋转，旋转后物体的坐标则需要通过三维复合变换计算。三维复合变换可以分解为若干个基本几何变换的组合，求出每一个基本几何变换的变换矩阵，然后按分解顺序将变换矩阵相乘，从而得到一个总体变换矩阵，即复合变换矩阵。三维物体上的每个点与该复合变换矩阵相乘就可以得到变换后物体的位置。

计算孔隙长度时需要利用平面对孔隙进行剖切处理，剖切过程中平面要连续旋转，由于平面在三维空间中展布的任意性，这给实际问题的处理带来很大的不便，利用三维复合变换可以解决这一问题。鉴于此，这里就空间任意平面 π_1 绕空间任意直线 P_1P_2 旋转 θ 角介绍三维复合变换的过程。

设直线 P_1P_2 上两点 P_1、P_2 的坐标分别为 (x_1, y_1, z_1)、(x_2, y_2, z_2)，平面 π_1 上的任意一点 $P(x, y, z)$ 绕直线 P_1P_2 旋转 θ 角后的点 P' 的坐标为 (x', y', z')，则可以用下式描述变换前后的坐标关系

$$[x' \quad y' \quad z' \quad 1]^T = R_p \cdot [x \quad y \quad z \quad 1]^T \qquad (3-21)$$

式中，R_p 为待求的三维复合变换矩阵。

求解三维复合变换矩阵 R_p 需要把复合变换分解为几个基本变换，求出每一个基本变换矩阵，然后按顺序把每一个矩阵相乘得到复合变换矩阵 R_p，具体包括以下几步，如图 3-22 所示。

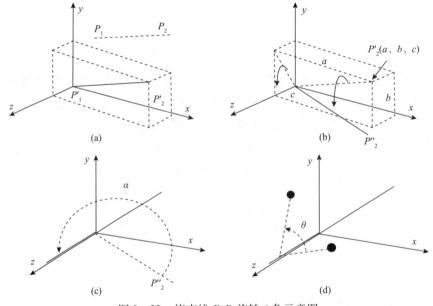

图 3-22　绕直线 P_1P_2 旋转 θ 角示意图

第一步：把点 P_1（x_1，y_1，z_1）平移至原点。

为了使直线 P_1P_2 平移至坐标原点，相应的平移变换矩阵为

$$T_3(-x_1, -y_1, -z_1) = \begin{pmatrix} 1 & 0 & 0 & -x_1 \\ 0 & 1 & 0 & -y_1 \\ 0 & 0 & 1 & -z_1 \\ 0 & 0 & 0 & 1 \end{pmatrix} \qquad (3-22)$$

经过平移变换后，直线 P_1P_2 通过坐标原点，点 P_1（x_1，y_1，z_1）与原点重合，P_2 的旋转到 P_2'，坐标变为（a，b，c），其中 $a = x_2 - x_1$，$b = y_2 - y_1$，$c = z_2 - z_1$。

第二步：绕 x 轴旋转，使直线与 xoz 平面重合。

直线 $P_1'P_2'$ 绕 x 轴旋转的角度 φ 可与 xoz 平面重合。设 $d_1 = \sqrt{b^2 + c^2}$，通过图 3 - 22（b）可知：

$$\cos\varphi = c/d_1, \sin\varphi = b/d_1$$

则绕 x 轴的旋转变换矩阵为

$$R_X(\varphi) = \begin{pmatrix} 1 & 0 & 0 & 0 \\ 0 & \cos\varphi & -\sin\varphi & 0 \\ 0 & \sin\varphi & \cos\varphi & 0 \\ 0 & 0 & 0 & 1 \end{pmatrix} = \begin{pmatrix} 1 & 0 & 0 & 0 \\ 0 & c/d_1 & -b/d_1 & 0 \\ 0 & b/d_1 & c/d_1 & 0 \\ 0 & 0 & 0 & 1 \end{pmatrix} \qquad (3-23)$$

第三步：绕 y 轴旋转，使直线与 z 轴重合。

经过上一步旋转，P_2' 旋转到 P_2''，此时的坐标变为（a，0，d_1）。$P_1'P_2''$ 绕 y 轴旋转后与 z 轴重合，转过的角度 α 可由图 3 - 22（c）求的。设 $d_2 = \sqrt{a^2 + b^2 + c^2}$，则：

$$\cos\alpha = d_1/d_2, \sin\alpha = -a/d_2$$

则绕 y 轴的旋转变换矩阵为：

$$R_\gamma(\alpha) = \begin{pmatrix} \cos\alpha & 0 & \sin\alpha & 0 \\ 0 & 1 & 0 & 0 \\ -\sin\alpha & 0 & \cos\alpha & 0 \\ 0 & 0 & 0 & 1 \end{pmatrix} = \begin{pmatrix} d_1/d_2 & 0 & -a/d_2 & 0 \\ 0 & 1 & 0 & 0 \\ a/d_2 & 0 & d_1/d_2 & 0 \\ 0 & 0 & 0 & 1 \end{pmatrix} \qquad (3-24)$$

经此变化后，直线 P_1P_2 已经于 z 轴重合。

第四步：绕 z 轴旋转 θ 角。

完成上述一系列平移和旋转变换后，平面 π_1 上的任意一点 P（x，y，z）绕直线 P_1P_2 旋转 θ 角就变成绕 z 轴旋转 θ 角。绕 z 轴旋转 θ 角的变换矩阵为：

$$R_Z(\theta) = \begin{pmatrix} \cos\theta & -\sin\theta & 0 & 0 \\ \sin\theta & \cos\theta & 0 & 0 \\ 0 & 0 & 1 & 0 \\ 0 & 0 & 0 & 1 \end{pmatrix} \qquad (3-25)$$

第五步：执行第三步、第二步、第一步的逆变换。

完成第四步的旋转变换后，还需要将旋转轴变回到原来 P_1P_2 的位置。此时只需要求 $R_Y(\alpha)$，$R_X(\varphi)$，$T_3(-x_1, -y_1, -z_1)$ 的逆矩阵 $R_Y(-\alpha)$，$R_X(-\varphi)$，$T_3(x_1, y_1, z_1)$ 即可。

$$R_Y(-\alpha) = \begin{pmatrix} \cos(-\alpha) & 0 & \sin(-\alpha) & 0 \\ 0 & 1 & 0 & 0 \\ -\sin(-\alpha) & 0 & \cos(-\alpha) & 0 \\ 0 & 0 & 0 & 1 \end{pmatrix} = \begin{pmatrix} d_1/d_2 & 0 & a/d_2 & 0 \\ 0 & 1 & 0 & 0 \\ -a/d_2 & 0 & d_1/d_2 & 0 \\ 0 & 0 & 0 & 1 \end{pmatrix}$$
$$(3-26)$$

$$R_X(-\varphi) = \begin{bmatrix} 1 & 0 & 0 & 0 \\ 0 & \cos(-\varphi) & -\sin(-\varphi) & 0 \\ 0 & \sin(-\varphi) & \cos(-\varphi) & 0 \\ 0 & 0 & 0 & 1 \end{bmatrix} = \begin{bmatrix} 1 & 0 & 0 & 0 \\ 0 & c/d_1 & b/d_1 & 0 \\ 0 & -b/d_1 & c/d_1 & 0 \\ 0 & 0 & 0 & 1 \end{bmatrix}$$
$$(3-27)$$

$$T_3(x_1, y_1, z_1) = \begin{pmatrix} 1 & 0 & 0 & x_1 \\ 0 & 1 & 0 & y_1 \\ 0 & 0 & 1 & z_1 \\ 0 & 0 & 0 & 1 \end{pmatrix} \qquad (3-28)$$

第六步：求的三维复合变换矩阵 R_p。

综上，绕直线 P_1P_2 旋转 θ 角的变换矩阵 R_p 为：

$$R_p = T_3(-x_1, -y_1, -z_1) \cdot R_X(\varphi) \cdot R_Y(\alpha) \cdot R_Z(\theta) \cdot \qquad (3-29)$$
$$R_Y(-\alpha) \cdot R_X(-\varphi) \cdot T_3(x_1, y_1, z_1)$$

需要注意的是：变换的过程有多种选择。如果中间的几个旋转次序变了，则各个矩阵的对应矩阵参数也会不同。

到此为止，平面 π_1 上的任意一点 $P(x, y, z)$ 绕直线 P_1P_2 旋转 θ 角后的点 P' 的坐标 (x', y', z') 均可由式（3-21）和式（3-29）求得。

2. 孔隙空间分割

树状结构的主干构成了孔隙空间的骨骼，其中树状结构的根结点表示孔隙。

以根结点最大球球心体素为原点，建立局部坐标系，为了减少几何变换的次数，局部坐标系的坐标轴与全局坐标系相应坐标轴平行。选取一个过局部坐标系原点及任意一个坐标轴的平面 β，绕该坐标轴每隔一定角度旋转一次，直至转过 $180°$。在旋转过程中，用平面 β 对数字岩心孔隙局部空间进行剖切处理，应用前面提到的几何变换技术可以把剖切得到的局部孔隙空间记录下来。图 3−23 就是剖切过程中得到的一个切面，图中红星表示孔隙中心。

对于剖切得到的每一个平面，从孔隙中心每隔一定角度发射一条射线，射线不断延伸直到碰到骨架体素为止（图 3−24）。计算每一条射线段的长度，这样就可以形成一个度量孔隙局部空间尺度的数据集合。从图 3−24 可以看出，总有一些射线可以穿过与当前孔隙相连的喉道进入其他相邻孔隙，这类射线段的长度较大，不能准确表征当前孔隙的长度。因此在确定孔隙长度的过程中，不能对所有射线段取平均值，而应该采用统计方法进行处理，从而确定孔隙的有效长度。

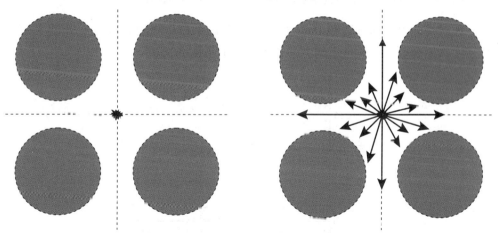

图 3−23　孔隙局部空间剖面示意图　　　　图 3−24　度量孔隙局部空间尺度示意图

对于某一个孔隙来说，度量孔隙真实长度的射线段的长度不会有太大差别，它们应属于一类，而对于穿过喉道的射线段，它们的长度将远大于表征孔隙真实长度的射线段，默认该类射线段构成另外一类。因此，借助第二章提到的判别分析方法，将射线段长度数据集合划分为两类。判别分析方法计算过程中得到的阈值即是孔隙的长度值。

对于树状结构主干上的最大球，凡是球心在根节点（孔隙）长度范围内的最大球，都属于孔隙部分，而在该范围之外的最大球，都属于喉道部分，这样就完成了数字岩心孔隙空间拓扑结构的合理分割。

通过图 3 – 25 中两种算法得出的孔隙长度分布比较可以看出，改进后的方法得到的孔隙长度分布峰值左移，说明改进后的方法得到的孔隙长度变短。

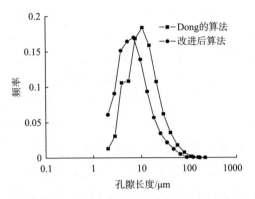

图 3 – 25　改进后最大球方法与 Dong 的方法
得到的某砂岩数字岩心孔隙长度分布比较

改进后的最大球方法和 Dong 的方法得到的某砂岩喉道长度分布如图 3 – 26 所示，从图中可看出改进后的方法得到的喉道长度变长。

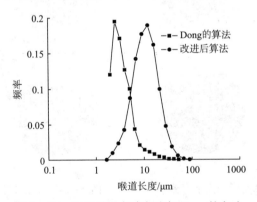

图 3 – 26　改进后最大球方法与 Dong 的方法
得到的某砂岩数字岩心喉道长度分布比较

改进后的方法克服了 Dong 的方法在孔隙空间分割上存在的问题，从后面还可以看出，改进后的方法计算的渗透率比 Dong 的方法更接近实验测量值。

值得一提的是，由于需要对孔隙局部空间进行剖切处理，剖切平面的大小和每次旋转的角度对算法的运行速度影响非常大。如果增大剖切平面，对孔隙空间的剖切时间变长，但是可以获得更大的孔隙局部空间；如果减小剖切平面，可以提高剖切速度，但是可能会丢失孔隙局部空间的信息。因此，需要选取合适大小的剖切平面，所选剖切平面的边长为所剖孔隙半径的 7 倍。剖切平面每次旋转的角度越小，对孔隙局部空间的剖切次数就会越多，因此执行速度就会越慢，但是会获得更多的孔隙局部空间的信息；增大剖切平面每次转过的角度，对孔隙局部空间的剖切次数会减少，因此会提高执行速度，但是可能会丢失孔隙局部空间的信息。考虑到数字岩心的分辨率，对于高分辨率数字岩心，剖切平面每次转过的角度可以适当增大；对于低分辨率数字岩心，剖切平面每次转过的角度应减小，从而可以获得更多的孔隙局部空间的信息。

六、孔隙网络模型参数计算

经过成簇算法处理后的数字岩心孔隙空间已经识别出孔隙和喉道，进行孔隙空间分割后，数字岩心的孔隙空间被分成了孔隙部分和喉道部分。为了进行流动模拟计算，还需要确定孔隙部分和喉道部分的半径、长度、体积、形状因子 G。

1. 孔隙参数的计算方法

1）孔隙半径的计算方法

经过成簇算法处理后的数字岩心孔隙空间已经标记出了局部最大的孔隙空间，用该处孔隙的最大球表示。从理论上来说，孔隙半径应该是孔隙最大球的半径，不过由于对每个最大球定义了两个半径：半径上界 R_u 和半径下限 R_d，因此需要对孔隙半径确定一个合适的值。根据 Dong 的方法，从 $R_d - 1$ 到 R_u 范围内随机生成一个值作为孔隙半径，最小的孔隙半径定义为数字岩心分辨率的 0.1 倍。采用该方法得到的孔隙半径是一个连续的分布，可以抑制由孔隙空间不连续性导致的计算误差。

2）孔隙长度和体积的计算方法

孔隙长度的计算方法在上一小节已经介绍。经过孔隙空间分割后，孔隙空间被划分成了孔隙部分和喉道部分，统计每一个孔隙部分的体素数就可以得到相应孔隙的孔隙体积。

3）孔隙形状的表征方法

孔隙和喉道的形状对多相流流动模拟具有非常重要的影响。如果孔隙和喉道截面为圆形柱状毛管，由于缺少边角结构，同一个孔隙或喉道中两相不能并存，只能进行单相流模拟而不能进行多相流模拟。由于实际储层岩石的孔隙和喉道形状非常复杂且极不规则，为了采用规则的几何形状表示复杂的孔隙或喉道形状，需要对真实岩心的孔隙和喉道进行定量表征，为此引入形状因子。形状因子 G 的定义为：

$$G = \frac{VL}{A_s^2} \qquad (3-30)$$

式中，V 为孔隙体积；L 为孔隙长度；A_s 为孔隙部分的表面积，可以通过统计孔隙部分表面的体素数得到。

式（3-34）也可写成

$$G = \frac{A}{P^2} \qquad (3-31)$$

式中，A 为孔隙的横截面积；P 为横截面的周长。

在构建孔隙网络模型的过程中，利用形状因子与真实孔隙或喉道形状因子相等的规则几何体来表示孔隙或喉道。规则几何体的截面一般选用正方形、圆形和三角形，如图 3-27 所示。虽然从外观上看，规则几何体与真实岩心复杂且不规则的孔隙和喉道的形状相差甚远，但是它们却具有了真实岩心孔隙空间的重要几何特征。此外，由于截面为三角形和正方形的规则几何体具有边角结构，使得两相或多相流体可以在孔隙网络模型的同一个孔隙单元或喉道单元中流动，如润湿相可以在边角流动而非润湿相在规则几何体的中心流动，这与真实岩心两相或多相流动实验观测到的流动情形更加贴近。所以基于形状因子守恒，采用带有边角结构的规则几何体对真实岩心孔隙和喉道形状进行简化是合理的。

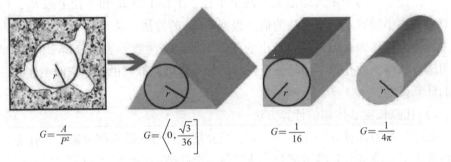

图 3-27　孔隙网络模型中用来表示孔隙和喉道形状的规则几何体

应用式（3-30）或式（3-31）计算得到正方形和圆形的形状因子都为常数，分别为 $1/16\pi$ 和 $1/4\pi$。与此不同的是，三角形由于三个内角的变化，计算得到的形状因子也在变化，变化范围在 $(0, \sqrt{3}/36)$。其中 $\sqrt{3}/36$ 对应等边三角形，形状因子越小，表示三角形越扁平。已知形状因子，可以通过图 3-28 确定规则几何体的截面形状，即形状因子分布在 $(0, 0.0481]$ 选用三角形截面，分布在 $(0.0481, 0.071]$ 时选用正方形截面，分布在 $(0.071, 0.0796]$ 时选用圆形截面。

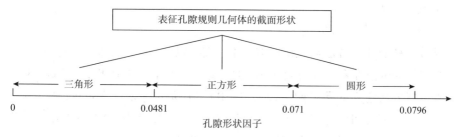

图 3 - 28　形状因子与规则几何体截面的对应关系

在进行多相流模拟时，对于截面为三角形的柱体单元，需要根据形状因子确定三角形截面的 3 个内角。图 3 - 29 是一个任意三角形截面，β_1、β_2、β_3 分别是三角形 3 个内角的半角，且有 $\beta_3 > \beta_2 > \beta_1$，计算 β_1、β_2、β_3 的具体步骤如下：

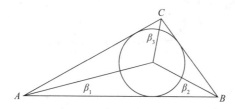

图 3 - 29　任意三角形 3 个内角的半角示意图

对于给定的形状因子 G，可以确定 β_2 的取值范围 $[\beta_{2,\min}, \beta_{2,\max}]$，$\beta_2$ 从该范围内随机取值：

$$\beta_{2,\min} = atan\left[\frac{2}{\sqrt{3}}\cos\left(\frac{a\cos(-12\sqrt{3}G)}{3} + \frac{4\pi}{3}\right)\right] \qquad (3 - 32)$$

$$\beta_{2,\max} = atan\left[\frac{2}{\sqrt{3}}\cos\left(\frac{a\cos(-12\sqrt{3}G)}{3}\right)\right] \qquad (3 - 33)$$

根据计算得到的 β_2，采用下式计算得到 β_1：

$$\beta_1 = -\frac{1}{2}\beta_2 + \frac{1}{2}a\sin\left(\frac{\tan\beta_2 + 4G}{\tan\beta_2 - 4G}\right) \qquad (3 - 34)$$

最后，由 β_1、β_2 确定 β_3：

$$\beta_3 = \frac{\pi}{2} - \beta_1 - \beta_2 \qquad (3 - 35)$$

综上所述，形状因子可以用来描述真实岩心复杂孔隙空间的主要几何特征，基于数字岩心建立的孔隙网络模型之所以能够表征真实岩石的孔隙空间，就在于模型具有与真实孔隙空间的孔隙和喉道相同的形状因子。

2. 喉道参数的计算方法

1）喉道半径的计算方法

喉道半径的计算方法与孔隙半径类似，也是从（$R_d - 1$，R_u）范围内随机生成一个值作为喉道半径。由于毛管压力曲线与喉道半径密切相关，Dong 对比了采用最大球方法建立的孔隙网络模型（MB）与 Øren 等采用 Voronoi 图表法建立的孔隙网络模型（PB）的毛管压力曲线（图 3 - 30），从图中可以看出，两者基本重合，从一个侧面说明了喉道半径取值的合理性。

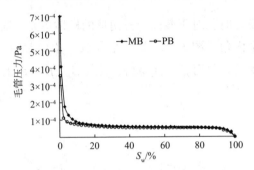

图 3 - 30　基于重建 Fontainebleau 砂岩数字岩心的
MB 网络和 PB 网络计算的毛管压力曲线

2）喉道长度和体积的计算方法

经过孔隙空间分割处理后，喉道成为两个孔隙之间的连通部分，而且是孤立的，因此喉道长度的计算变得简单，喉道长度可通过前面提到的式（3 - 7）计算，只是孔隙长度不再需要修正。

统计每一个喉道部分的体素可以得到相应喉道的体积。

3）喉道形状的表征方法

喉道形状的表征方法与孔隙相同，这里不再重复介绍。

至次，经过上述部分的处理，以体素为组成单元的数字岩心就转变为以规则孔喉结构为组成单元的孔隙网络模型。

从上述孔隙网络模型的建模过程可知，孔隙空间的树状结构主干完整的保留了数字岩心的拓扑结构，因此，采用本小节中的建模方法建立的孔隙网络模型具有与数字岩心等价的拓扑结构。此外，由于组成孔隙网络模型的孔隙单元和喉道单元的形状因子都是通过对数字岩心孔隙部分和喉道部分的计算得到，因此，模型充分反映了数字岩心真实的孔隙几何特征。所以，所建立的孔隙网络模型具有与数字岩心相同的拓扑结构和几何特征，这将为以孔隙网络模型为基础开展的微观渗流属性模拟研究奠定坚实的基础，具有重要的应用价值。

第三节 孔隙网络建模方法验证

孔隙网络模型的建模方法主要从静态属性和动态属性两个方面进行验证。静态属性是指岩心的孔隙度、有效孔隙度、均质性和孔隙结构。动态属性是指岩石的渗流属性，包括绝对渗透和相对渗透率。本小节主要进行静态属性的验证，动态属性的验证放在第四章和第五章。静态属性的验证是通过比较数字岩心和基于数字岩心的孔隙网络模型的属性参数实现的。

一、数字岩心建模及其孔隙网络模型提取

为检验改进的最大球方法对不同孔隙结构岩石孔隙网络模型建模的适应性，同时也为了使构建的渗透率模型具有普适性，本章筛选了表征不同孔隙结构系统的六种岩心，包括天然中细砂岩、砂砾岩、Berea 砂岩、胶结疏松的人造砂岩、颗粒灰岩和含有溶孔的灰岩。为了表述方便，分别将天然中细砂岩、砂砾岩和胶结疏松的人造砂岩命名为 S_1、S_2 和 S_3；将颗粒灰岩和含有溶孔的灰岩命名为 C_1 和 C_2。各岩心对应的数字岩心与岩心同名。岩心 S_1 是来源于新疆油田某油区的天然中细砂岩；岩心 S_2 是来源于新疆油田某油区的砂砾岩；岩心 S_3 的石英砂来源于胜利油田地质科学研究院，分选良好，尺寸比较均匀；Berea 砂岩是被学者广泛研究的均质砂岩；岩心 C_1 来源于国外某油田，是由古土壤岩化形成的颗粒灰岩；岩心 C_2 来源于大庆油田某油区，是含有溶孔的灰岩。

表3-3 6种岩心的孔渗参数实验测量结果

	岩心 S_1	岩心 S_2	岩心 S_3	Berea 砂岩	岩心 C_1	岩心 C_2
孔隙度/%	9.2	14.2	33.1	19.6	17.8	14.3
渗透率/mD	1.52	36.5	50400	1100	—	7.12

表3-4 数字岩心的尺寸及性质

岩心	岩石类型	岩心 CT 扫描分辨率/μm	岩心尺寸 $X \times Y \times Z$		孔隙度/%
			单位：体素	单位：mm	
S_1	天然砂岩	2	$400 \times 400 \times 400$	$0.8 \times 0.8 \times 0.8$	8.81
S_2	天然砂岩	2	$400 \times 400 \times 400$	$0.8 \times 0.8 \times 0.8$	12.47

续表

岩心	岩石类型	岩心 CT 扫描分辨率/μm	岩心尺寸 $X \times Y \times Z$		孔隙度/%
			单位：体素	单位：mm	
S_3	人造砂岩	10	$300 \times 300 \times 300$	$3 \times 3 \times 3$	33.05
Berea	天然砂岩	5.35	$400 \times 400 \times 400$	$2.14 \times 2.14 \times 2.14$	19.65
C_1	碳酸盐岩	5.35	$400 \times 400 \times 400$	$2.14 \times 2.14 \times 2.14$	16.83
C_2	碳酸盐岩	6.55	$260 \times 260 \times 260$	$1.7 \times 1.7 \times 1.7$	12.61

表 3-5　孔隙网络模型性质统计表

模型名称		砂岩 S_1	砂岩 S_2	人造岩心 S_3	砂岩 Berea	碳酸盐岩 C_1	碳酸盐岩 C_2
模型尺寸/mm	X	0.8	0.8	3	2.14	2.14	1.7
	Y	0.8	0.8	3	2.14	2.14	1.7
	Z	0.8	0.8	3	2.14	2.14	1.7
模型孔隙度/%		8.68	12.36	33.29	19.82	16.73	12.88
孔隙总数		11618	4386	1434	7579	8508	2956
喉道总数		19603	4673	5248	13396	10351	2383
孔隙半径/μm	最大值	24.5	43.9	125.7	69.5	107.9	88
	最小值	0.2	0.2	1.1	0.6	0.5	0.7
	平均值	2.5	2.8	46.7	13.5	11.4	14.2
喉道半径/μm	最大值	12.7	33.7	100.3	56.5	110.1	74.7
	最小值	0.2	0.2	1	0.5	0.5	0.7
	平均值	1.4	1.9	20.4	6.9	6.2	7.5
孔隙配位数	最大值	39	102	27	32	43	44
	最小值	0	0	0	0	0	0
	平均值	3.3	2.1	7.2	3.5	2.4	1.5
孔喉半径比	最大值	24.7	22.6	12.2	16.6	63.5	34.0
	最小值	1	1	1	1	1	1
	平均值	2.2	2.2	2.5	2.6	2.9	3.3
孔隙形状因子	最大值	0.0630	0.0611	0.0709	0.0619	0.0590	0.0612
	最小值	0.0070	0.0061	0.0093	0.0101	0.0085	0.0112
	平均值	0.0256	0.0264	0.0222	0.0286	0.0294	0.0332

续表

模型名称		砂岩 S_1	砂岩 S_2	人造岩心 S_3	砂岩 Berea	碳酸盐岩 C_1	碳酸盐岩 C_2
喉道形状因子	最大值	0.0625	0.0625	0.0625	0.0625	0.0625	0.0625
	最小值	0.0064	0.0095	0.0094	0.0066	0.0073	0.0080
	平均值	0.0313	0.0312	0.0313	0.0313	0.0313	0.0313
孔隙长度/μm	最大值	167.8	185.6	511	339.9	591.1	441.5
	最小值	2	2	10.0	5.4	5.4	6.6
	平均值	9.4	16.6	128.6	47.1	41.2	44.2
喉道长度/μm	最大值	89	171.3	571.4	243.1	487.9	362.4
	最小值	1.7	1.7	10	4.4	4.4	6.6
	平均值	12.8	16.6	119.5	47	42.3	43.6
孔隙体积/μm³	最大值	725112	1913112	51240000	11000000	60647000	30779000
	最小值	56	56	12000	919	1531	3091
	平均值	3118	12304	5570700	210000	176880	190940
喉道体积/μm³	最大值	36056	340928	5850000	580000	1471400	2632000
	最小值	8	8	1000	153	153	281
	平均值	250	1297	1.78400	17000	13393	23471

　　6 种岩心的孔渗变化范围较大，其中孔隙度的变化范围为 9.2% ~ 33.1%，渗透率的变化范围为 0.163 ~ 50400mD，每块岩心的实验测量结果见表 3 - 3 所示。采用 X 射线 CT 扫描方法构建了它们的数字岩心，结果如图 3 - 31（a）~图 3 - 36（a）所示，图中红色表示孔隙，蓝色表示骨架，其中岩心 S_1、S_2、S_3、Berea、C_1 和 C_2 的扫描分辨率分别为 2μm、2μm、10μm、5.35μm、5.35μm、6.55μm；三维 CT 图像的选取规模分别为 400 × 400 × 400、400 × 400 × 400、300 × 300 × 300、400 × 400 × 400、400 × 400 × 400、260 × 260 × 260；将岩心边长（体素）与扫描分辨率相乘即是数字岩心的物理尺寸，六块数字岩心分别是边长为 0.8mm × 0.8mm × 0.8mm、0.8mm × 0.8mm × 0.8 mm、3mm × 3mm × 3 mm、2.14mm × 2.14mm × 2.14 mm、2.14mm × 2.14mm × 2.14 mm、1.7mm × 1.7mm × 1.7mm 的立方体。数字岩心的尺寸及相关性质整理于表 3 - 4。

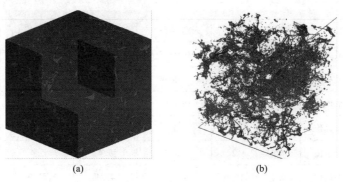

(a)   (b)

图 3 − 31   岩心 S_1 的数字岩心及其孔隙网络模型

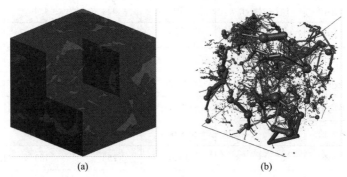

(a)   (b)

图 3 − 32   岩心 S_2 的数字岩心及其孔隙网络模型

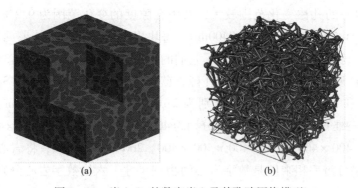

(a)   (b)

图 3 − 33   岩心 S_3 的数字岩心及其孔隙网络模型

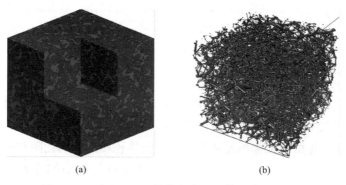

(a)　　　　　　　　　　　　(b)

图 3 – 34　岩心 Berea 的数字岩心及其孔隙网络模型

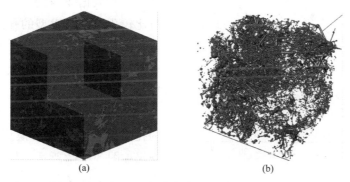

(a)　　　　　　　　　　　　(b)

图 3 – 35　岩心 C_1 的数字岩心及其孔隙网络模型

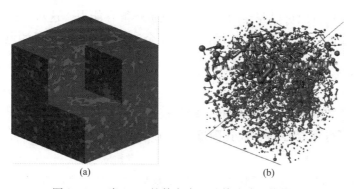

(a)　　　　　　　　　　　　(b)

图 3 – 36　岩心 C_2 的数字岩心及其孔隙网络模型

　　采用改进的最大球方法提取了岩心 S_1、S_2、S_3、Berea、C_1 和 C_2 的孔隙网络模型，结果如图 3 – 31（b）~ 图 3 – 36（b）所示。图中用球表示孔隙，球的半径越大，表示该处孔隙的半径越大；管表示喉道，管的半径越大，表示该处喉道的半径越大。孔隙和喉道的形状仅仅是示意图，根据形状因子的不同，实际计算中孔隙网络模型的孔隙和喉道都为不同截面形状的柱体。对孔隙网络模型的性质进行了统计，结果整理于表 3 – 5 中。

二、孔隙度比较

数字岩心的孔隙度可以通过统计孔隙体素的数量和总体素的数量，将两者相除得到。基于数字岩心提取的孔隙网络模型的孔隙度可以统计每个孔隙单元和喉道单元的体积，将所有孔隙单元和喉道单元的体积相加得到孔隙空间的体积，除以孔隙网络模型的外表体积即可得到它的孔隙度。由于孔隙网络模型是以数字岩心数据作为输入数据，因此通过比较孔隙网络模型的孔隙度和数字岩心的孔隙度可以评价改进后的最大球方法构建的孔隙网络模型在流体贮存能力方面的有效性。

分别统计上一小节 6 种数字岩心的孔隙度和孔隙网络模型的孔隙度，结果如图 3 – 37 所示。从图中可以看出，6 种岩心数字岩心的孔隙度和孔隙网络模型的孔隙度基本相同，说明改进后的最大球方法可以完整的保存岩心的流体贮存能力，这对于以孔隙网络模型为基础开展的单相和两相渗流模拟（如剩余油分布）具有重要的意义。

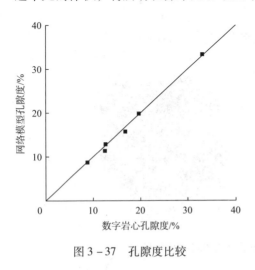

图 3 – 37　孔隙度比较

三、有效孔隙度比较

对岩心孔隙的连通性进行分析，统计连通孔隙体素的数量和体积，除以总的孔隙体素即可得到岩心的有效孔隙度。岩心连通孔隙体素的统计可以采用下述方法：

（1）设最初数字岩心中孔隙空间的体素标记为 0，岩石骨架体素标记为 1，令 $i = 2$。

（2）选取孔隙空间中标记为 0 的体素，从该孔隙体素出发，搜索与该孔隙体素具有 26 连通性（定义骨架体素具有 6 连通性，孔隙体素具有 26 连通性）的孔隙体素，并标记为 i，以此类推，搜索与每个标记为 i 的孔隙体素具有 26 连通性的孔隙体素并将其标记，直至所有该类体素被标记，统计所有标记为 i 的孔隙体素的数量，记为 $N(i)$。

（3）令 $i = i + 1$，重新选取标记为 0 的孔隙体素，采用上述方法进行搜索、标记和计量。由于连通孔隙体素的数量远远多于不连通孔隙体素的数量，因此由 $N(i)$ 确定的最大值对应的标记即是连通孔隙体素的数量。

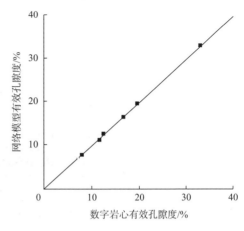

孔隙网络模型连通孔隙体积的计算可以通过统计所有配位数为 0 的孔隙单元的体积，然后用总的孔隙体积减去这部分体积即可得到，除以外表体积可以得到有效孔隙度。

6 种岩心的有效孔隙度和孔隙网络模型的有效孔隙度如图 3 – 38 所示。由图可知，数字岩心的有效孔隙度和孔隙网络模型的有效孔隙度基本一致，说明改进后的最大球方法保留了岩心

图 3 – 38　有效孔隙度比较

的连通特性，这对于绝对渗透率和相对渗透率的计算非常重要。

四、均质性比较

数字岩心的均质性可以采用局部孔隙度分布函数进行评价。局部孔隙度分布函数的基本思想是把多孔介质分成若干局部区域，测量每一个局部区域的孔隙度并进行统计分析，可以反映岩石的均质性。定义测量单元 $K(\mathbf{r}, L)$ 为多孔介质内部以向量 $\mathbf{r}$ 为中心，边长为 L 的立方体。测量单元的孔隙度定义为：

$$\phi(\mathbf{r}, L) = \frac{V[P \cap K(\mathbf{r}, L)]}{V[K(\mathbf{r}, L)]} \tag{3 – 36}$$

式中，$V(G)$ 为某集合 $G \subset R^d$ 的体积，P 为孔隙空间。

局部孔隙度分布函数定义为：

$$\mu(\phi, L) = \frac{1}{m} \sum_r \delta[\phi \cdot \phi(\mathbf{r}, L)] \tag{3 – 37}$$

式中，m 为系统中测量单元 $K(\mathbf{r}, L)$ 的数目；$\delta(x)$ 为狄拉克函数；$\mu(\phi, L)$ 为边长为 L 的测量单元中，孔隙度为 ϕ 的立方体所占的比例，反映岩石的均质性。

在岩心局部孔隙度分布函数图中，当测量单元的尺寸 L 一定时，局部孔隙度分布函数曲线的开口越窄，表明岩心的均质性越好。选取边长为 $535\mu m$ 的立方

体作为测量单元对上面建立的 6 种岩心进行测量，得所得的局部孔隙度分布如图 3 - 39 所示。显然，砂岩 S_1、砂岩 S_2、砂岩 Berea 和人造岩心的的均质性较好而碳酸盐岩 C_1 和碳酸盐岩 C_2 的均质性较差。

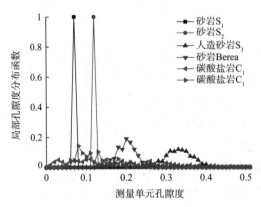

图 3 - 39   6 种岩心的局部孔隙度分布（测量单元边长 $L = 535\,\mu m$）

孔隙网络模型的均质性可以通过孔喉半径比分布评价。孔喉半径比，又称孔喉比，是指在局部范围内孔隙半径与其相连所有喉道的半径平均值之比。显然，孔隙半径比越大，表明局部孔隙空间中孔隙和喉道的差别越大，即孔隙空间在微观尺度变化越剧烈；孔喉半径比越小，表明在局部孔隙空间孔隙和喉道的差别越小，即孔隙空间在微观尺度发育越均匀。

通过孔隙网络模型孔隙半径及与其相连喉道半径的统计得到孔喉半径比分布，具体结果如图 3 - 40 所示。从图中可以看出，碳酸盐岩 C_1 和碳酸盐岩 C_2 的孔喉半径比较大，说明它们的孔隙空间发育不均匀；砂岩 S_1、砂岩 S_2、人造岩心 S_3 和砂岩 Berea 的孔喉半径比较小，说明它们的孔隙空间发育较均匀。

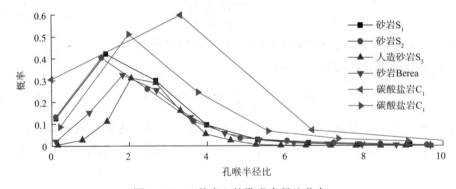

图 3 - 40   6 种岩心的孔喉半径比分布

采用孔隙网络模型的对岩心的均匀性评价与数字岩心对的评价结果一致，说明孔隙网络建模方法所构建的网络模型可以反映岩心的均质性。

五、孔隙结构比较

采用过程模拟方法构建了 5 种等径球体规则堆积（图 3—41）的数字岩心，球体分别呈立方型排列、斜方型排列、复六方型排列、角锥型排列和四面体型排列。等径球体的直径设为分辨率的 50 倍，构建数字岩心的尺寸为 120^3 个体素。

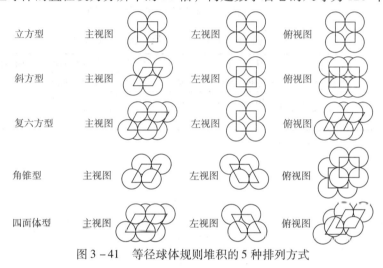

图 3—41 等径球体规则堆积的 5 种排列方式

分别在 X、Y、Z 3 个方向上选取 3 个球体，经过规则堆积形成的数字岩心如图 3—42 所示，这样可以单独研究每个孔隙，有利于建模方法的验证；然后采用改进后的最大球方法提取了孔隙网络模型并统计了孔隙数和配位数，并将结果与理论计算值进行了比较，如表 3—6 所示。结果显示改进的方法与理论计算的结果一致，说明改进后的最大球方法建立的孔隙网络模型可以反映岩石的孔隙结构，从而进一步验证了本书中提出的改进方法在孔隙网络模型建模方面的准确性和可靠性。

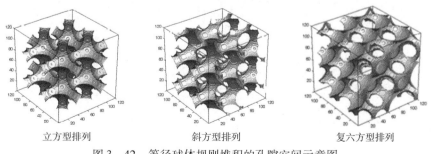

立方型排列　　　　　斜方型排列　　　　　复六方型排列

图 3—42 等径球体规则堆积的孔隙空间示意图

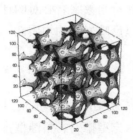
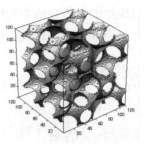

角锥型排列　　　　　　　　四面体型排列

图 3 - 42　等径球体规则堆积的孔隙空间示意图（续）

表 3 - 6　规则堆积球体孔隙数目、配位数比较表

内容	立方型排列		斜方型排列		复六方型排列		角锥型排列		四面体型排列	
	孔隙数	配位数	孔隙数	配位数	孔隙数	配位数	孔隙数	配位数	孔隙数	配位数
理论结果	8	6	16	8	86	10	36	12	42	12
本书中的结果	8	6	16	8	86	10	36	12	42	12

第四章　数字岩心孔隙空间流体分布确定方法

孔隙流体在岩石孔隙空间中的分布状态决定着岩石的导电路径，因此确定不同含水饱和度下，流体在岩石孔隙空间的分布特征显得至关重要。目前确定孔隙流体在三维数字岩心中分布的方法主要有三种，分别为基于数学形态学的方法、基于孔隙网络的方法和基于格子玻尔兹曼的方法。Zhao（2010）基于三维数字岩心提取的"球管网络模型"，研究了润湿性对水驱油的影响，但球管网络模型基于理想的孔隙喉道形状和理想拓扑结果，不能反映岩石复杂的孔隙空间。本书主要介绍数学形态学方法和格子玻尔兹曼方法确定孔隙空间流体分布的方法。

第一节　数学形态学方法模拟孔隙空间流体分布

数学形态学（Mathematical Morphology）起源于 1964 年，是由法国巴黎矿业学院博士生赛拉（J. Serra）和导师马瑟荣，在从事铁矿核的定量岩石学分析及预测其开采价值的研究中提出"击中/击不中变换"，并在理论层面上首次引入了形态学的表达式，建立了颗粒分析方法。上述工作奠定了数学形态学的理论基础，如击中/击不中变换、开运算、闭运算、布尔模型和纹理分析器的原型等。数学形态学的基本思想是用具有一定形态的结构元素去量度以及提取图像中的对应形状对图像分析和识别。

数学形态学的数学基础和所用语言为集合论，因此具有完备的数学基础，这为形态学用于图像分析和处理、形态滤波器的特性分析和系统设计奠定了坚实的基础。数学形态学的应用可以简化图像数据，保持它们基本的形状特性，并除去不相干的结构。数学形态学的算法具有天然的并行实现的结构，实现了形态学分析和处理算法的并行，大大提高了图像分析和处理的速度。

数学形态学是由一组形态学的代数运算组成的。有 4 个基本运算：膨胀（或扩张）、腐蚀（或侵蚀）、开启和闭合。它们在二值图像和灰度图像中各有特点。

基于这些基本运算还可推导和组合成各种数学形态学实用算法，用它们可以进行图像形状和结构的分析及处理，包括图像分割、特征抽取、边界检测、图像滤波、图像增强和恢复等。膨胀运算和腐蚀运算是数学形态学处理的基础，许多形态学算法都是以这两种基本运算作为基础的。

一、膨胀运算

设 A 和 B 是 Z^2 中的集合，$\varnothing$ 为空集，A 被 B 的膨胀，记为 $A \oplus B$，$\oplus$ 为膨胀算子。膨胀运算的定义为

$$A \oplus B = \left\{ x \mid (\hat{B})_x \cap A \neq \varnothing \right\} \qquad (4-1)$$

该式说明的膨胀运算过程是集合 B 首先做关于其原点的映射，然后平移 x。A 被 B 的膨胀运算是 $\hat{B}$ 被所有 x 平移后与集合 A 至少存在一个非零公共元素。于其他的数学形态学算法一样，集合 B 在膨胀运算中被称为结构元素。

图4-1（a）表示一个简单的集合 A，图4-1（b）表示一个结构元素 B 及其"映射"。在图4-1中，因为结构元素 B 关于其原点对称，所以结构元素 B 与其映射 $\hat{B}$ 相同。图4-1（c）中的虚线表示作为参考的原始集合 A，实线表示若结构元素 B 的映射 $\hat{B}$ 平移至 x 点超过此界限，则 $\hat{B}$ 与集合 A 的交集为空。所以图4-1（c）和图4-1（e）中实线内的所有点构成了 A 被结构元素 B 的膨胀。

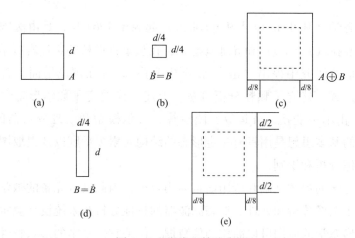

图4-1　膨胀运算示意图

二、腐蚀运算

设 A 和 B 为 Z^2 中的集合，A 被 B 腐蚀，记为 $A \ominus B$。$\ominus$ 为腐蚀算子，其定义为：

$$A \ominus B = \{x \mid (B)_x \subseteq A\} \qquad (4-2)$$

式（4-2）说明，集合 A 被集合 B 的腐蚀结果是所有使 B 被 x 平移后包含于 A 的点 x 的集合。与膨胀运算一样，上式也可以用相似的概念加以理解。

图 4-2 表示了类似于图 4-1 的一个腐蚀过程。与图 4-1 相同，集合 A 在图 4-2（c）中用虚线表示作为参考。实线表示若 B 的原点平移至 x 点超过此界限，则 A 不能完全包含 B。因此，在图 4-1（c）和图 4-1（e）中实线边界内的点构成了 A 被 B 的腐蚀。

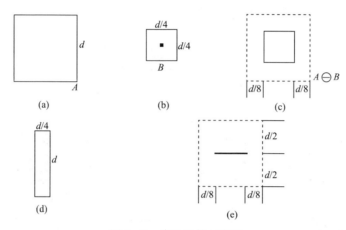

图 4-2　腐蚀运算示意图

三、开运算和闭运算

如前面所见，膨胀运算扩大图像，腐蚀运算收缩图像。数学形态学中另外两个重要的运算是开运算和闭运算。开运算一般能平滑图像的轮廓，消弱图像狭窄的部分。取结构元素 B 作开运算，记为 $A \circ B$，其定义为：

$$A \circ B = (A \ominus B) \oplus B \qquad (4-3)$$

换句话说，集合 A 被集合 B 开运算就是 A 被 B 腐蚀后的结果再被 B 膨胀。

设 A 是原始图像，B 是结构元素的图像，集合 A 被结构元素 B 作闭运算，记为 $A \cdot B$，其计算公式为

$$A \cdot B = (A \oplus B) \ominus B \qquad (4-4)$$

换句话说，集合 A 被集合 B 作闭运算就是 A 被 B 膨胀后的结果再被 B 腐蚀。

图 4-3 说明了集合 A 被一个圆盘形结构元素作开运算和闭运算的结果。图 4-3（a）为集合 A，图 4-3（b）表示在腐蚀运算过程中圆盘结构元素的各个位置，当完成这一过程时，图 4-3（a）被分解为的两个图形，如图 4-3（c）

所示。集合 A 的两个主要部分之间的桥梁被去掉了。由于"桥"的宽度小于结构元素的直径，因此结构元素 B 不能完全包含于集合 A 的这一部分，这样就违反了腐蚀运算的定义，所以被剔除掉了。由于同样的原因，集合 A 最右边的部分也被删除。图 4-3（d）显示了对腐蚀的结果进行膨胀的过程，而图 4-3（e）是集合 A 被集合 B 开运算的最后结果。同样的图 4-3（f）~ 图 4-3（i）给出了采用相同的结构元素 B 对集合 A 作闭运算的结果。结果是去掉了集合 A 的左边对于集合 B 来说较小的弯。注意，采用同一个圆形的结构元素 B 对 A 作开运算和闭运算均使集合 A 的一些部分变得平滑了。

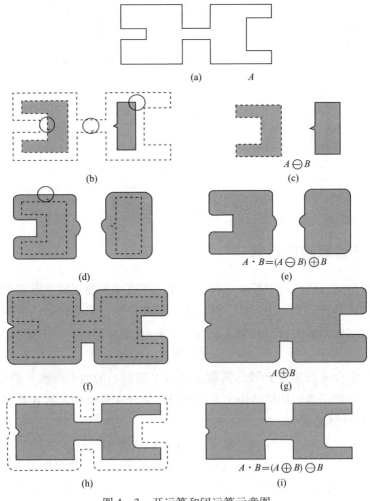

图 4-3　开运算和闭运算示意图

数学形态学中开运算和闭运算有一个简单的几何解释。假设把圆盘形结构元素 B 看做一个平面内的"滚动球"。$A \circ B$ 的边界为集合 B 在集合 A 滚动所能达到的最远处 B 的边界所构成。集合 A 中所有朝外的突出部分均被圆滑了，而朝内的部分保持不变。突出的且不能容下结构元素的部分被去掉。

闭运算也有相似的几何解释。再次利用滚动球作例子，不同的是在边界外滚动该球。所有朝内的突出部分均被圆滑了，而朝外的则没有影响。集合 A 的最左边的凹入部分被大幅减弱了。

四、不同饱和度下孔隙空间油水分布

Hilpert（2001）、刘学锋（2010）基于三维数字岩心采用数学形态学开运算的方法确定岩石孔隙空间中的流体分布，由于数学形态学的方法只是一种数字图像处理技术，没有考虑孔隙流体自身的物理性质以及孔隙流体与岩石骨架、不同流体之间的相互作用，因此用该方法确定流体在岩石孔隙空间的分布上具有一定局限性。基于三维数字岩心的岩石电性数值模拟的对象是三维孔隙介质。为了更加直观地显示运算结果，以二维孔隙介质图像为例介绍图像的腐蚀运算、膨胀运算和开运算如图 4-4 所示。

图 4-4 为孔隙介质的二维图像，其中黑色代表岩石颗粒，白色代表岩石孔隙，尺寸为 200×200 个像素点，原始图像中岩石颗粒用 0 表示，孔隙空间用 1 表示。因此所有数学形态学均定义在孔隙介质的为孔隙空间上。选取半径 R 为 5 个像素点的圆作为结构元素，对图 4-4（a）中的孔隙空间（白色区域）分别进行腐蚀、膨胀和开运算，运算结果如图 4-4（b）~图 4-4（d）所示，图中灰色部分代表孔隙空间经过相应运算后的结果，膨胀运算扩大图像，腐蚀运算收缩图像，开运算 $X \circ B$ 可以理解为结构元素 B 在 X 内滚动所能达到的最远处的 B 的边界所构成的空间。因此，如图 4-4（d）中灰色区域所示，开运算结果显示所有半径大于 R 的孔隙空间。

设岩石孔隙空间中最大孔隙的半径为 $R_{\max}$，当结构元素半径为 $R_{\max}$ 时，开运算结果为孔隙空间中最大孔隙。结构元素半径由大到小依次变化，对岩石孔隙空间进行开运算。随着结构元素半径的减小，孔隙空间开运算结果表征的孔隙空间按照孔隙半径的大小依次增加。若设孔隙空间的开运算结果表征油驱水过程中的油，其余孔隙空间表征地层水，则该过程与水湿岩石的排驱过程相似。在水湿岩石中非湿相油首先占据孔隙空间中大孔隙，随着驱替压力的增大，油按照孔隙半径由大到小的顺序依次侵入。因此，利用岩石孔隙空间的开运算可以模拟水湿岩

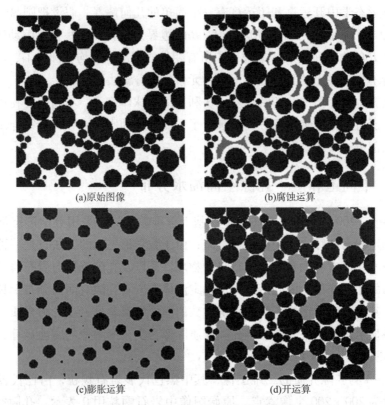

(a)原始图像 (b)腐蚀运算

(c)膨胀运算 (d)开运算

图4-4 孔隙介质二维图像腐蚀、膨胀和开运算示意图

石的排驱过程，进而确定在不同含水饱和度下孔隙空间中油和水在孔隙空间的分布。

油湿岩石不同含水饱和度下的孔隙流体分布与水湿岩石不同。对于油湿岩石，油首先占据岩石空间中的小孔隙，而大孔隙空间则被水占据。所以油按照孔隙半径由小到大的顺序占据孔隙空间。在确定油湿岩石储层不同含水饱和度下孔隙空间流体分布时，仍采用水湿岩石的模拟方法，结构元素半径由大到小依次变化。但在油湿岩石中孔隙空间流体分布与水湿储层完全相反，孔隙空间开运算的结果表征地层水，其余的孔隙空间表示被油占据。

为准确模拟岩石孔隙空间的流体分布，必须保证先被油侵入的孔隙空间在后续排驱过程中均被油占据。因此，结构元素半径小的开运算结果必须包含半径大的结构元素开运算结果，即：

$$\vartheta_{S(R)} \subset \vartheta_{S(R')} \tag{4-5}$$

式中，ϑ 为开运算的结果；$S(R)$ 代表结构元素；R 和 R' 为不同结构元素的半径，且 $R > R'$。由于三维数字岩心可视为数字化的二值图像，因此结构元素——球体在数值模拟过程中也只能通过离散方式表示。一般情况下，在计算机中离散化的球体利用近似方法表示为：

$$S(R) = \{\vec{r} \in N^3 : (\vec{r} - \vec{c})^2 \leqslant R^2/4\} \tag{4-6}$$

式中，R 为结构元素的半径，球心坐标 $c = R/2 + 1/2$。

式（4-6）表征的结构元素并不满足公式（4-5）的要求。因此需要改进球形结构原始的建立方法。改进后球形结构元素 $S'(R)$ 的表达式为：

$$S'(1) = S(1) \tag{4-7}$$

$$S'(R) = S(R) \cup S(R-1) \tag{4-8}$$

可以证明新的球形结构元素符合公式（4-5）的要求。

第二节　格子玻尔兹曼方法确定孔隙空间流体分布

与数学形态学方法和基于球管网络模型的方法不同，格子玻尔兹曼方法以流体流动的介观动力学方程为基础，采用流体分子的速度、密度等分布函数的时空演化模拟流体的渗流特性并根据宏观物理量与分布函数之间的关系来获得流体的流动信息，其宏观行为符合 Navier-Stokes 方程（Frisch 等，1986；Chen 等，1992；Ladd，1994；），Pan et al.（2004）、朱益华等（2010）采用两相格子玻尔兹曼模型模拟了孔隙流体在多孔介质中的分布，Sukop（2008）采用 Shan-Chen 模型模拟了孔隙流体在多孔介质中的分布并与 X 射线 CT 扫描实验结果进行了对比，模拟结果与实验结果吻合较好，证明了采用格子玻尔兹曼方法模拟岩石孔隙流体分布的可行性与准确性。

在格子玻尔兹曼模型中，单一时间松弛过程的简化碰撞模型（LBGK）是最常用的一类模型，其常用的分类方法是钱跃宏提出的 DnQb 分类准则，其中，n 表示空间维数，b 表示离散速度的个数。二维空间中模拟流体的流动一般用 D2Q9 模型，三维空间中模拟流体流动常用的有 D3Q15、D3Q19、D3Q27 模型。离散速度的个数增多，数值模拟结果的精确度提高，但同时计算耗时增多，模拟速度变慢。考虑到计算机计算速度和计算精度的问题，选用具有 15 个离散速度的三维 Shan-Chen 模型模拟孔隙流体在三维数字岩心中的分布，Shan-Chen 模型适应具有不同黏度、不同密度和不同润湿特性的流体流动，其 15 个离散速度如图 4-5 所示。

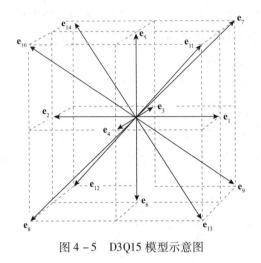

图 4 - 5　D3Q15 模型示意图

一、Shan-Chen 格子玻尔兹曼模型

格子玻尔兹曼模型采用 LBGK 模型，第 k 相流体的粒子分布函数的演化方程为：

$$f_i^{\,k}(\mathbf{x} + \mathbf{e}_i\Delta t, t + \Delta t) - f_i^k(\mathbf{x}, t) = -\frac{1}{\tau^k}[f_i^k(\mathbf{x}, t) - f_i^{k(eq)}(\mathbf{x}, t)]$$

$$i = 0, 1, \cdots, 14 \qquad\qquad (4-9)$$

式中，$f_i^k(\mathbf{x}, t)$ 是第 k 相流体的分布函数，规定了在格子位置 $\mathbf{x}$ 处，时间为 t 时，沿 i 方向传播的第 k 相流体粒子的数目；$\mathbf{e}_i$ 为沿 i 方向的速度矢量；τ^k 为第 k 相流体的弛豫时间，该方程包括了碰撞项和传播项。

该模型离散速度矢量为：

$$\mathbf{e}_i = \begin{cases} [0,0,0], & i = 0 \\ [\delta_{1,i} - \delta_{2,i}, \delta_{3,i} - \delta_{4,i}, \delta_{5,i} - \delta_{6,i}], & i = 1, \cdots, 6 \\ [1 - 2(\delta_{8,i} + \delta_{10,i} + \delta_{12,i} + \delta_{14,i}), & \\ 1 - 2(\delta_{8,i} + \delta_{10,i} + \delta_{11,i} + \delta_{13,i}), & \\ 1 - 2(\delta_{8,i} + \delta_{9,i} + \delta_{12,i} + \delta_{13,i})], & i = 7, \cdots, 14 \end{cases} \qquad (4-10)$$

式中，δ_{ji} 为 Kronecker 函数，即当 $i \neq j$ 时 $\delta_{ji} = 0$，$i = j$ 时 $\delta_{ji} = 1$。

通过式（4-10）可知，在 $i = 0$ 处，速度大小为 0；在 $i = 1, \cdots, 6$ 处，速度大小为 1；在 $i = 7, \cdots, 14$ 处，速度大小为 $\sqrt{3}$。

第 k 相流体的宏观密度 ρ^k、宏观速度 $\mathbf{u}^k$ 以及混合流体的混合速度 $\mathbf{v}$ 定义为：

$$\rho^k = \sum_i f_i^k(\mathbf{x},t) \qquad\qquad (4-11)$$

$$\mathbf{u}^k = \frac{1}{\rho^k} \sum_i f_i^k(x,t)\,\mathbf{e_i} \qquad\qquad (4-12)$$

$$\mathbf{v}(\mathbf{x},t) = \frac{\displaystyle\sum_k \rho^k \mathbf{u}^k/\tau_k}{\displaystyle\sum_k \rho^k/\tau_k} \qquad\qquad (4-13)$$

通过引入调整因子 λ^k，第 k 相流体的平衡态分布函数具有如下形式：

$$f_i^{k(eq)} = \begin{cases} \rho^k\left[\dfrac{\lambda^k}{7+\lambda^k} - \dfrac{1}{3}\mathbf{u}^{k(eq)}\cdot\mathbf{u}^{k(eq)}\right], & i = 0 \\[3mm] \omega_i\rho^k\left[\dfrac{1}{7+\lambda^k} + \dfrac{1}{3}(\mathbf{e}_i\cdot\mathbf{u}^{k(eq)}) + \dfrac{1}{2}(\mathbf{e}_i\cdot\mathbf{u}^{k(eq)})^2 - \dfrac{1}{6}\mathbf{u}^{k(eq)}\mathbf{u}^{k(eq)}\right], & i = 1,\cdots,14 \end{cases}$$

$$(4-14)$$

式中，当 $i = 1$，$\cdots$，6 时，权系数 $\omega_i = 1$；当 $i = 7$，$\cdots$，14 时，权系数 $\omega_i = \dfrac{1}{8}$；调整因子 λ^k 的选取对于算法的稳定性具有很重要的作用。

当采用式（4-14）形式的平衡态分布函数时，第 k 相流体的压力可以表示为：

$$P^k = (C_s^k)^2\rho^k = \frac{3}{7+\lambda^k}\rho^k \qquad\qquad (4-15)$$

在式（4-14）和式（4-15）中，第 k 相流体的调整因子 λ^k 与其声速 C_s^k 有关，对应的运动黏度 v^k 为 $(2\tau^k-1)/6$。在模型长程作用力中，除了第 k 相流体与其他相流体粒子碰撞引起的动量变化，流体粒子自身与流体粒子与固体表面相互作用力也能引起动量变化。因此公式（4-14）中平衡态下的速度 $\mathbf{u}^{k(eq)}$ 可以通过下式计算：

$$\rho^k\mathbf{u}^{k(eq)} = \rho^k\mathbf{u} + \tau^k\mathbf{F}^k \qquad\qquad (4-16)$$

式中，$\mathbf{F}^k$ 是施加在第 k 相流体上的相互作用力矢量和，包括流体—流体之间的内聚力以及流体—固体之间的黏附力。

1. 流体与流体间内聚力

在 Shan-Chen 格子玻尔兹曼模型中，流体相邻格点之间的作用力为内聚力，在格点 x 处，作用于第 k 相流体上的流体间内聚力 $F_{f-f}^k(x)$ 定义为格点 x 处第 k 相流体粒子与相邻格点 x' 处第 k' 相流体粒子之间的相互作用力：

$$F_{f-f}^k(x) = -\varphi^k(x)\sum_{x'} G_{kk'}(x,x')\varphi^{k'}(x')(x'-x) \qquad\qquad (4-17)$$

式中，函数 $\varphi^k(x)$ 为第 k 相流体密度和 $G_{kk'}$ 的函数，表示粒子间相互作用力的强度。$\varphi^k(x)$ 函数的取值会影响混合流体状态方程的形式，为了计算简便取 $\varphi^k(x) = \rho^k$；$G_{kk'}$ 是格林函数并满足对称性，即 $G_{kk'} = G_{k'k}$。

$$G_{kk'}(x,x') = \begin{cases} g, & |x-x'| = 1 \\ g/\sqrt{3}, & |x-x'| = \sqrt{3} \\ 0, & \text{其他} \end{cases} \qquad (4-18)$$

式中，g 为流体之间内聚力系数，通过选择该数值合适的符号和合适的大小，可以实现不相溶流体在数字岩心孔隙空间的相互分离。

2. 流体与固体间吸附力

流体与固体表面之间的作用力为吸附力，在格点 x 处，第 k 相流体上的流体与固体表面之间的吸附力间内聚力 $F_{f-s}^k(x)$ 定义为格点 x 处第 k 相流体粒子与相邻格点 x' 处固体表面之间的相互作用力。

$$F_{f-s}^k(x) = -\rho^k(x) \sum_{x'} G_{ks}(x,x') s(x'-x) \qquad (4-19)$$

s 为固体骨架的密度函数，定义为：

$$s = \begin{cases} 1 & x' \text{ 位于固体相} \\ 0 & x' \text{ 位于孔隙空间} \end{cases} \qquad (4-20)$$

与流体之间的内聚力系数相似，G_{ks} 第 k 相流体与固体相的耦合系数定义为：

$$G_{ks}(x,x') = \begin{cases} g_{ks}, & |x-x'| = 1 \\ g_{ks}/\sqrt{3}, & |x-x'| = \sqrt{3} \\ 0, & \text{其他} \end{cases} \qquad (4-21)$$

式中，g_{ks} 表示第 k 相流体与固体表面之间相互作用力的强弱，通过选择该数值合适的符号和合适的大小，可以模拟不同润湿性的流体与固体之间的相互作用。g_{ks} 取正值表示第 k 相流体相对固体表面是非润湿的，反之，g_{ks} 取负值则表示第 k 相流体相对固体表面是润湿的。在模拟油水两相在孔隙空间流动时，通过选取油水合适的 g_{ks} 和 $g_{k's}$，可以模拟岩石中油水相对于岩石表面不同的润湿性及其润湿角。

综上所述，第 k 相流体所受的合力由两部分构成：流体与流体之间的内聚力和流体与固体之间的吸附力，所以流体所受合力为：

$$F^k = F_{f-f}^k + F_{f-s}^k \qquad (4-22)$$

由于，流体的分布受毛管力控制，因此上式中不考虑外部作用力的影响。流体的连续性方程和动量守恒方程可以通过 Chapman-Enskog 展开得到。通过对流体间作用力及格子结构的定义，可以推导出状态方程：

$$P = \left[\sum_k (C_s^k)^2 \rho^k \right] + \left(2 + \frac{8}{\sqrt{3}} \right) \sum_k \left(1 - \frac{1}{2\tau^k} \right) \sum_{k'} g\varphi^k \varphi^{k'} \qquad (4-23)$$

二、格子玻尔兹曼模拟参数的确定

确定不同饱和度下孔隙流体在储层岩石孔隙空间中的分布状态是电性研究的关键。储层岩石孔隙中的油水分布状态主要受油水之间的相互作用力（表面张力）以及油水与岩石表面之间相互作用力（润湿性）的影响，因此可以利用两相不相溶流体的格子玻尔兹曼模型模拟储层岩石孔隙空间中的油水分离过程获得油水的空间分布状态。模拟过程中数字岩心尺寸为 $200\text{mm} \times 200\text{mm} \times 200\text{mm}$，格子模型选 D3Q15 模型。在模拟油水在岩石孔隙空间的分布时，首先按照一定的饱和度，使油水均匀分布在孔隙空间中，在流体之间的内聚力以及流体与岩石表面吸附力作用下，油水会在孔隙空间中发生分离，当达到平衡状态后即可获得特定饱和度下孔隙空间中的油水分布。由于油水密度差异不大，因此在模拟中由流体重力产生的影响可忽略不计。采用 Shan-Chen 格子玻尔兹曼方法模拟储层岩石孔隙空间油水分布确定格子单位与物理单位之间的转换关系、流体密度和松弛时间、流体间的相互作用系数、流体与岩石表面之间的作用系数以及油水的表面张力。

利用单相流体格子玻尔兹曼方法模拟岩石绝对渗透率时，由于岩石的绝对渗透率是岩石的固有性质，与孔隙流体的类型无关，所以在应用该方法计算岩石绝对渗透率时，只要选取适当的模型参数保证数值模拟稳定性就能获得准确的绝对渗透率模拟结果。但在应用两相不相溶流体格子玻尔兹曼方法研究两相流体的流动和分离过程时，需要考虑到流体之间的内聚力、流体之间的表面张力和流体与固体之间的吸附力，且两相不相溶流体的黏度、密度都存在差别。而且格子坡尔兹曼模型中的所有模型参数均为无量纲参数，因此确定格子玻尔兹曼模型中格子单位与实际物理模型单位之间的转换关系，是应用两相不相溶格子玻尔兹曼数值模拟储层岩石孔隙空间流体分布需要解决的首要问题。

岩石孔隙空间中的两相不相溶流体为油和水，在数值模拟中采用的实际物理参数如表 4-1 所示。

表 4-1　模拟中所采用的流体物理性质

流体物理属性	参数值
油的密度/（g/cm³）	0.9
水的密度/（g/cm³）	1.0

流体物理属性	参数值
油的黏度/cp	1.5
水的黏度/cp	1.0
油水界面张力/（dyn/cm）	30

在两相不相溶流体格子玻尔兹曼模型中需要设定的无量纲参数主要有：油和水的密度、油和水的弛豫时间、油和水两相内聚力系数以及油和水与骨架表面作用力系数。

实际物理模型中的参数和格子玻尔兹曼模型中的无量纲参数满足以下关系：

流体密度：$\rho^* = \rho_0 \rho$

流体速度：$v^* = v_0 v$

流体黏度：$\nu^* = \nu_0 l_0 (2\tau - 1) / 6$

式中，上标为 * 的参数表示实际物理参数，下标为 0 的参数为转换系数，无标记的参数是格子玻尔兹曼模型中的无量纲参数。根据上述转换关系可知，格子玻尔兹曼模型中的无量纲参数的数值大小与实际物理参数之间并无本质关系，它们之间存在简单的线性关系。因此只要确保油水两相无量纲模型参数的比值与实际物理模型中油水两相参数比值相等，就能保证模拟结果的准确性。

1. 流体密度和松弛时间的确定

油和水两相的动力学黏度比 M 是流体驱替过程中的一个关键参数，其定义为：

$$M = \frac{\mu_n^*}{\mu_w^*} = \frac{\nu_n^* \rho_n^*}{\nu_w^* \rho_w^*} = \frac{(2\tau_n - 1)\rho_n}{(2\tau_w - 1)\rho_w} \qquad (4-24)$$

有两种方法获得模型需要的动力学黏度比：①在模型中选择合适的油水密度比和运动黏度比值，使其满足式（4-24）；②岩心孔隙空间中油水两相运动过程中，与毛管压力相比，流体重力的作用可以忽略，所以根据数值稳定性的需要，可以假设模型中油水两相无量纲密度相同，只调整运动黏度的比值，使其满足式（4-24）。因此采用第二种方法时，根据物理系统中的油水两相的动力学黏度比为1.5，上式变为：

$$M = \frac{2\tau_n - 1}{2\tau_w - 1} = 1.5 \qquad (4-25)$$

假设水的弛豫时间为 $\tau_w = 1$，则可得油的弛豫时间为 $\tau_n = 1.25$。

本书中采用的是第一种方法，设模型中无量纲参数油的密度为0.9，水的密度为 1，因此式（4-24）变为：

$$M = \frac{0.9(2\tau_n - 1)}{2\tau_w - 1} = 1.5 \qquad (4-26)$$

假设水的弛豫时间 $\tau_w = 1.0$，则可得油的弛豫时间 $\tau_n = 1.33$。

2. 油水相互作用系数的确定

根据得到的两相不相溶流体的格子玻尔兹曼模型，通过 Chapman-Enskog 展开可以推导出非理想气体状态下的流体状态方程为：

$$p = \rho RT + \frac{GRT}{2}\psi^2(\rho) \qquad (4-27)$$

式中，p 为压力；R 为气体常数；T 为温度；$\psi(\rho)$ 为势函数，与密度有关；$RT = 1/3$；G 为流体间的相互作用力 - 内聚力，当取合适值时可实现油水在孔隙空间中的分离，对于 D2Q9 模型 $G = 9 \times g$，其中 g 为两相不相溶流体的内聚力系数。为了计算方便，取 $\psi(\rho) = \rho$，则上述方程可以写为：

$$p = \frac{\rho}{3} + \frac{3}{2}g\rho^2 \qquad (4-28)$$

图 4-6 给出了流体内聚力系数 g 取不同数值时油水两相流体的状态方程曲线。当 g 小于某一临界值 g_c 并且压力相对密度的偏导数 $\partial p/\partial \rho$ 小于 0 时，在一定流体密度范围内的混合流体处于亚稳态状态，处于这个状态的混合流体只要受到一个小的扰动，就会发生流体两相分离现象。临界值 g_c 可以通过对状态方程求一阶偏导数，并令其等于 0 求得，即 $g_c = -1/(9\rho)$，所以只

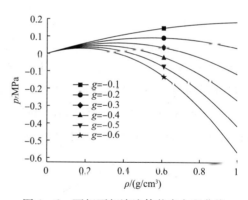

图 4-6 两相不相溶流体状态方程曲线

有满足 $g < -1/(9\rho)$ 时才会发生混合流体两相分离的现象，ρ 是两相混合流体的平均密度。$|g|$ 越大表示两相不相溶流体间的排斥力越大，流体越容易分离，但 $|g|$ 太大会引起数值模拟的不稳定性导致分布函数出现负值，$|g|$ 太小又不能实现两相流体分离的目的，因此在格子玻尔兹曼数值模拟中要选取合适的内聚力系数 g 的值。

用两相不相溶的格子玻尔兹曼模型模拟油水分离过程，模拟中系统的大小为 100×100 网格，初始时刻整个模拟区域随机充满了油和水，密度分别为 0.9 和 1，按照体积比 1 : 1 混合，则混合流体的平均密度为 0.95。根据上述 g 的确定方

法，选取 $g = -0.2$。

图 4 - 7 给出了不同迭代时间步 $t = 100$，$t = 4000$，$t = 10000$ 时油水密度分布图，其中红色代表油，蓝色代表水，天蓝色代表油水交界面。从时间的演化过程中，可以明显看出油水分离发生过程系统密度分布的变化。演化初期，油水在模拟系统中呈混合状态，随着时间的推移，油水趋向于达到最小表面积，因此形成很多小的油滴，随着时间的进一步演化，小油滴不断聚集到一起形成大油滴，最后在表面张力下油水达到了平衡状态，实现了油水两相的分离。

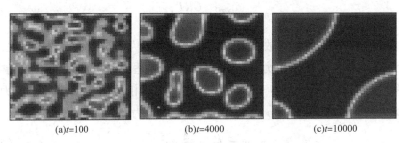

(a)t=100   (b)t=4000   (c)t=10000

图 4 - 7   不同时间步时的油水两相分离图

3. 表面张力的确定

一般采用气泡测试实验确定模型中无量纲的界面张力 γ，将球形油滴置于立方体水槽，利用两相不相溶 Shan-Chen 格子玻尔兹曼方法对球形油滴进行模拟，通过计算油滴内外压差与油滴半径的比值来确定表面张力 σ。初始分布为水槽中悬浮一球形油滴，如图 4 - 8 所示，设定好水和油的弛豫时间和密度，利用格子玻尔兹曼模型对油水分布进行模拟，模拟系统的网格大小为 $200 \times 200 \times 200$，系

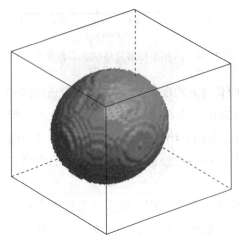

图 4 - 8   油滴悬浮在立方体水槽中   图 4 - 9   平衡状态下油水两相密度分布截面

统的边界采用周期性边界条件。当水槽中的油滴半径不再发生变化时认为油水系统达到平衡状态，计算此时计算油滴内外的压力 p_n 和 p_w，模拟系统稳定后的油滴半径 R。如图 4-9 所示，图中红色代表油，蓝色代表水，浅蓝色的区域代表油水交界面。

根据拉普拉斯定律：

$$p_n - p_w = \frac{2\sigma}{R} \qquad (4-29)$$

式中，p_n 和 p_w 分别为油滴的内外压力，R 为球形液滴的半径，σ 为表面张力。

4. 油水与岩石表面相互作用系数的确定

岩石的润湿性影响储层岩石孔隙空间中的流体分布，因此在利用 Shan-Chen 格子玻尔兹曼方法模拟油水两相在岩石孔隙空间中的分离时，需通过设定油水与岩石表面之间的作用系数 g_{ns} 和 g_{ws} 定义岩石是水润湿还是油润湿。

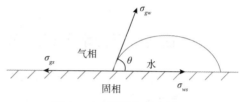

图 4-10　润湿角示意图

图 4-10 是流体在固体表面的表面张力及润湿角示意图。其中，θ 为流体在岩石表面的润湿角，润湿角的大小体现了流体相对于岩石表面润湿性的强弱，岩石的水湿性越强，润湿角越小，岩石的水湿性越弱，润湿角越大。

通过调整油和水与岩石骨架表面之间的相互作用力系数 g_{ns} 和 g_{ws}，可以得到岩石不同的润湿条件。整个流体模拟区域为边长为 200 个格子单位的正方形，在模拟区域四周设置两个格子单位的岩石骨架，其中蓝色代表水，红色代表油。初始状态为一个边长为 80 格子单位的正方形水滴附着在岩石骨架上，其他区域被油填充，如图 4-11（a）所示。在格子玻尔兹曼数值模拟中油水和岩石骨架交界面采用非滑移反弹边界，在水平方向上采用周期性边界。设油与岩石骨架作用系数 $g_{ns}=0.03$，水与岩石骨架的作用系数 $g_{ws}=-0.03$。模型由初始状态［图 4-11（a）］开始演化，直至达到稳定状态，油水两相的最终分布如图 4-11（b）所示，润湿角小于 90 度，说明骨架是水润湿的，其中润湿角的大小可以通过几何关系计算得到。如果 $g_{ns}=0.03$，$g_{ws}=0.03$，油水两相演化结果如图 4-11（c）所示，岩石骨架是中等润湿的，润湿角为 90°。如果 $g_{ns}=-0.03$，$g_{ws}=0.03$，模型演化结果如图 4-11（d）所示，润湿角大于 90°，说明岩石骨架是油润湿的。通过 Shan-Chen 格子玻尔兹曼数值模拟可以得出：当 $g_{ws}<0$ 时，岩石骨架为水润湿的，并且随着 g_{ws} 的变小润湿角变小，骨架水湿性增强；当 $g_{ns}<0$ 时，岩石骨架是油润湿的，并且随着 g_{ns} 的变小润湿角变大，骨架油湿性增强。因此在格子

玻尔兹曼数值模拟中可以通过调整 g_{ns} 和 g_{ws} 的符号和数值得到不同的润湿角，获得岩石骨架不同的润湿特性，从而可以确定不同润湿条件下岩石孔隙空间的油水分布。

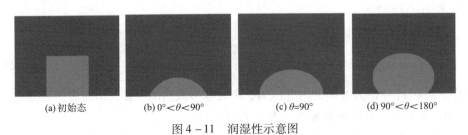

(a) 初始态　　　　(b) $0°<\theta<90°$　　　　(c) $\theta=90°$　　　　(d) $90°<\theta<180°$

图 4-11　润湿性示意图

三、储层岩石油水分布的确定

图 4-12 为利用过程法和分数布朗运动模拟相结合构建的裂缝性三维数字岩心，其中蓝色表示岩石骨架，红色表示孔隙。在岩石水润湿条件下，格子玻尔兹曼模拟中，油水之间的相互作用系数 $g=-0.2$，油与岩石骨架表面作用系数 $g_{ns}=0.03$，水与岩石骨架表面的作用系数 $g_{ws}=-0.03$，油水与岩石骨架表面之间采用无滑移反弹边界条件，模拟区域边界采用周期性边界。图 4-13 是不同格子时间步下，油水分布的变化，根据模拟需要，设置岩石含水饱和度的大小，然后计算出含油饱和度，根据含油饱和度的大小在三维数字岩心孔隙空间中随机选取像素点，并把选取的像素点设为油，如图 4-13（a）红色部分所示。然后给三维数字岩心孔隙中的油水粒子分布函数施加微小扰动使其开始演化，演化过程如图 4-13（a）~图 4-13（d）所示。随着演化时间的推移，在油水表面张力和油水与岩石表面作用力下，油水两相逐渐发生分离，在水湿条件下，油逐渐聚集到孔隙空间占据大的孔隙和喉道，水逐渐吸附到岩石表面占据孔隙角隅和细小的喉道，油水分布几乎不再变化，即迭代过程中含水饱和度基本不变，则认为系统达到稳定状态［图 4-13（d）］。

图 4-12　裂缝性数字岩心构建成果图

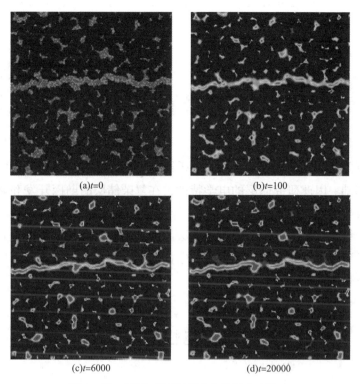

(a)t=0　　　　　　　　　　(b)t=100

(c)t=6000　　　　　　　　(d)t=20000

图4-13 不同时间步下油水粒子密度分布

在利用格子玻尔兹曼模拟油水分离结束之后，最重要的是如何确定格子空间被油占据还是被水占据，从而求取含水饱和度和含油饱和度。采用 Sukop（2008）提供的方法确定油水分离后的含水饱和度，即当油的粒子分布密度大于水的粒子分布密度时（$\rho_{oil} > \rho_{water}$），认为孔隙空间被油占据，当油的粒子分布密度小于水的粒子分布密度时（$\rho_{oil} < \rho_{water}$），认为孔隙空间被水占据，图4-14是水湿条件下含水饱和度为50%时，油水在裂缝性岩心中的分布结果，其中蓝色部分表示岩石骨架，绿色部分表示地层水，红色部分表示油。

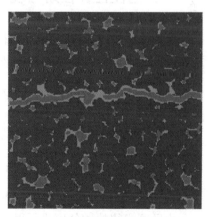

图4-14 水湿条件下油水在裂缝性
数字岩心中的分布

第五章　复杂储层岩石电性数值模拟研究

电法测井是油气勘探和评价的主要手段之一，而储层岩石与流体的电性是电法测井的基础。因此研究储层的电学特性，在复杂储层的勘探开发和储层评价中具有非常重要的意义。本章首先介绍了岩石电学特性的基本知识和有限元方法，然后基于三维数字岩心利用有限元的方法研究了天然气储层、致密砂岩储层的电性特征以及裂缝和层状结构对储层岩石电性的影响特征，把该方法推广到了复杂储层岩石电性各向异性研究。

第一节　电性基本理论

一、电性拉普拉斯方程

由电流连续性方程可知，在体电流密度为 $\vec{j}$ 的孤立空间中，电荷总量是保持不变的，即在任何时刻，系统中的正电荷与负电荷的代数和保持不变，即：

$$\nabla \cdot \vec{j} + \frac{\partial \rho}{\partial t} = 0 \tag{5-1}$$

在恒定电场中，电场和电荷的空间分布是不随时间改变的，即有 $\frac{\partial \rho}{\partial t} = 0$，因而电流连续性方程（5-1）变为：

$$\nabla \cdot \vec{j} = \nabla \cdot (\sigma \vec{E}) = \sigma \nabla^2 V = 0 \tag{5-2}$$

由欧姆定律的微分形式可得：

$$\vec{j} = \sigma \vec{E} \tag{5-3}$$

式中，σ 为电导率；$\vec{E}$ 为电场强度。

利用有限元方法求解数字岩心电阻率就是基于基于线性物理问题中存在的变

分原理求解电性拉普拉斯方程。

二、Archie 公式

1942 年，Archie 先生发表了《The electrical resistivity log as an aid in determining some reservoir characteristics》一文，从而奠定了测井地层评价的基础，具有划时代的意义。

阿尔奇在实验中利用不同电阻率值的盐水饱和同一块纯砂岩岩心，分别测量实验盐水的电阻率 R_w 以及与之对应的岩样电阻率 R_0，同时测量岩样的有效孔隙度，然后分别计算同一块岩样不同 Rw 下的比值 R_0/Rw，结果表明该比值为一常数，定义为地层因素，但是对于孔隙度不同的岩样，比值也不相同，也就是说对于给定的岩石，地层因素与饱和岩石的地层水电阻率及岩石电阻率无关，它的大小只受地层的有效孔隙度和岩石的孔隙结构影响，可以用以下公式表示：

$$F = \frac{R_0}{R_w} = \frac{a}{\phi^m} \tag{5-4}$$

式中，F 为地层因素；R_0 为 100% 含水纯岩石的电阻率；R_w 为地层水电阻率；ϕ 为地层有效孔隙度，m 为岩石的胶结指数；与岩石的孔隙结构和胶结情况密切相关，a 为岩性系数，一般为 1。

当地层含有油气时，阿尔奇根据自己的实验，把含油气地层的电阻率 R_t 与地层 100% 含水时电阻率 R_0 的比值称为电阻增大系数，该系数只与岩性和含水饱和度有关，公式如下：

$$I = \frac{R_t}{R_0} = \frac{b}{S_w^{\ n}} \tag{5-5}$$

式中，I 为地层电阻率增大系数，R_t 为含油气地层电阻率；R_0 为饱含水纯岩石的电阻率；S_w 为地层含水饱和度；b 为常数，一般为 1；n 为饱和度指数。

在计算出岩石电阻率之后就可以根据阿尔奇公式研究储层岩石的电性特征。

第二节　有限元法计算岩石的电阻率

复合介质的有效电性问题的研究可以追溯到麦克斯韦时代。麦克斯韦首次研究了介质中单个球形包裹体对介质整体有效电导率的影响。岩石作为一种特殊的复合介质，由于其骨架和孔隙分布的随机性，不能应用解析方法精确地计算它的电性特征。随着数字岩心技术的发展，目前可以采用 X 射线 CT、聚焦离子束 – 扫描电镜等多种物理实验手段以及随机模拟法、过程法等多种数值重建方法构建能反映岩石孔隙空间结构的三维数字岩心，基于构建的三维数字岩心，数值模拟方法为储层岩石电性特征的模拟提供了新的途径。目前基于数字岩心的电性数值模拟方法主要有：格子气自动机法、基尔霍夫节点法、随机行走法、有限差分法、有限元法等。其中有限元法作为一种比较经典的算法，在模拟储层岩石电性方面具有完整的理论基础，对不规则区域适应性强，在处理复杂边界问题时具有很好的优势。利用有限元方法计算数字岩心电性的原理比较简单，其基本思想是基于线性物理问题中存在的变分原理。在导电性问题中，对于给定的一个三维数字岩心，在岩心两端施加一个电场或者给定其他边界条件，岩心最终的电压分布确定了系统中总电能的消耗，根据变分原理，求解每个像素点上的电压分布问题转化为求解系统能量极值的问题。为了让系统能量 En 取得极小值，系统能量相对于所有节点电压变量 μ_m 的偏导数必须等于 0，即：

$$\frac{\partial En}{\partial \mu_m} = 0 \qquad\qquad (5-6)$$

在实际的计算过程中，第 m 个结点处的梯度向量就是上式中的偏导数，所有节点的梯度向量的平方和可以通过求解过程获得。当该平方和小于某一给定的误差 eps 时，认为该系统电能取得极小值，系统达到稳定状态，此时可以认为式（5-6）近似成立。

一、数字岩心中单元划分和结点编号

为了推导出每一像素点上的有限元方程，必须定义一种结点编号规则。在有限元方法中，每个像素顶角的结点（三维数字岩心像素具有 8 个结点）针对此像素具有一个独立的编号。三维数字岩心中，由于每个像素点的能量仅由该像素点的 8 个结点上的电压确定，因此结点编号必须简单方便引用。像素点的编号（i，j，k）给出了该像素在三维网格中的空间位置，与像素中编号为 1 的结点是同一个结点。图 5 – 1 三维有限元单个像素结点编号示意图展示了三维有限元

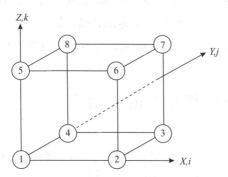

图 5 – 1　三维有限元单个像素结点编号示意图

中单个像素点上的编号规则，同时定义了系统使用的坐标体系，图中的 (i, j, k) 坐标轴分别与直角坐标系中 (x, y, z) 轴相互对应。表 5 - 1 给出了利用有限元方法计算数字岩心有效电导率时，单个像素的结点编号规则，表中 8 个结点的编号是通过结点相对于第一个结点编号 (i, j, k) 的位移 Δi，Δj 和 Δk 来确定的。

表 5 - 1　有限单元法像素结点标号规则

Δi	Δj	Δk	有限元结点编号
0	0	0	1
1	0	0	2
1	1	0	3
0	1	0	4
0	0	1	5
1	0	1	6
1	1	1	7
0	1	1	8

二、有限元方法计算数字岩心电导率

在完成计算网格划分和指定结点编号规则后，需推导计算三维数字岩心电性参数的有限元方程。推导过程中以像素长度为单位长度，在下面讨论过程中，下标 r 和 s 指的是像素 8 个结点的编号，变化范围从 1 到 8；p 和 q 代表笛卡尔坐标系的坐标轴向量，变化范围从 1 到 3，其中 1 代表 x 轴，2 代表 y 轴，3 代表 z 轴。

在计算三维数字岩心有效电导率的有限元方程中，包含的主要参数有：

u_r：像素点在第 r 个结点处的电压；σ_{pq}：电导率张量，取决于该像素点所代表的岩石组分；$\vec{E} = (E_x, E_y, E_z)$：施加在三维数字岩心上的外部电场强度；$\vec{e} = (e_x, e_y, e_z)$：像素点内位置为 (x, y, z) 处的局部场强；D_{rs}：像素点内的劲度矩阵；$N_r(x, y, z)$：立方体像素的形状数组。

这种有限元方法的目的是根据分块逼近的思想，利用节点处的电压来表示系统的总能量。所谓分块就是将三维数字岩心进行离散化处理，所谓逼近就是在各个像素点中选取合适的数学函数来近似代替求解函数。在有限元法中，单元内各点的电压是通过单元内结点的电压插值求取的，在利用有限元方法计算三维数字岩心电性参数过程中，我们采用了一种称为三线性插值的方法，即对像素点内部各点三个方向上的数学函数采用线性插值的方法。然后通过对每一个像素点进行积分获得该像素点上的能量，随后对整个系统中的所有像素点的能量求和得到三维数字岩心的总能量。每个像素点的内部的电场可以通过三线性插值表示为结点电压的函数。通过对单个像素进行积分，每一像素点上的能量可以表示成结点电压的二次函数。因此，三维数字岩心的总能量最终也可表示为结点电压的二次函数。利用共轭梯度算法进行求解，使三维数字岩心总能量对于结点电压取得极小值，进一步可以确定所有结点上的电压值。在确定一系列的结点电压值之后，利用三线性插值方法可计算系统中的平均电流和总能量等参数，进而计算三维数字岩心的有效电导率。

对单一像素而言，定义 $V(x, y, z)$ 是给定像素 8 个结点的电压函数：

$$V(x,y,z) = N_r u_r \tag{5-7}$$

式中，$0 < x, y, z < 1$，$N_r = N_r(x, y, z)$，是立方体像素的形状数组。以第一个结点的电压为参考电压，$V(x, y, z)$ 可以通过节点电压的线性插值得到。在三维数字岩心中，N_r 的具体表达式为：

$$
\begin{aligned}
N_1 &= (1-x)(1-y)(1-z)\\
N_2 &= x(1-y)(1-z)\\
N_3 &= xy(1-z)\\
N_4 &= (1-x)y(1-z)\\
N_5 &= (1-x)(1-y)z\\
N_6 &= x(1-y)z\\
N_7 &= xyz\\
N_8 &= (1-x)yz
\end{aligned}
\tag{5-8}
$$

因此，像素点上的局部电场 $\vec{e}$，可以通过局部电压的偏微分方程来表示：

$$e_p(x,y,z) = -\frac{\partial V(x,y,z)}{\partial x_p} \tag{5-9}$$

将式（5-7）代入式（5-9），e_p（局部电场 $\vec{e}$ 的第 p 个分量）可以表示为：

$$e_p(x,y,z) = \frac{-\partial}{\partial x_p}[N_r u_r] = \left[\frac{-\partial N_r}{\partial x_p}\right] u_r \tag{5-10}$$

式中，$-\partial N_r/\partial x_p \equiv n_{pr}$ 为 3×8 的矩阵，该矩阵将像素点 8 个结点上的电压与局部电场的 3 个分量联系起来，表 5-2 给矩阵 n_{pr} 中元素的具体公式。因此式（5-10）可以变为：

$$e_p(x,y,z) = n_{pr} u_r \tag{5-11}$$

表 5 – 2　矩阵 n_{pr} 的各分量的计算公式

r	$-\partial N_r/\partial x \equiv n_{1r}$	$-\partial N_r/\partial y \equiv n_{2r}$	$-\partial N_r/\partial z \equiv n_{3r}$
1	$(1-y)(1-z)$	$(1-x)(1-z)$	$(1-x)(1-y)$
2	$-(1-y)(1-z)$	$x(1-z)$	$x(1-y)$
3	$-y(1-z)$	$-x(1-z)$	xy
4	$y(1-z)$	$-(1-x)(1-z)$	$(1-x)y$
5	$(1-y)z$	$(1-x)z$	$-(1-x)(1-y)$
6	$-(1-y)z$	xz	$-x(1-y)$
7	$-yz$	$-xz$	$-xy$
8	$(1-y)z$	$-(1-x)z$	$-(1-x)y$

因此，单个像素点上消耗的总能量为：

$$En = \int_0^1 \int_0^1 \int_0^1 dx dy dz \left(\frac{1}{2} e_p \sigma_{pq} e_q \right) \tag{5-12}$$

将式（5 – 11）代入式（5 – 12）可得：

$$En = \frac{1}{2} u_r \left[\int_0^1 \int_0^1 \int_0^1 dx dy dz \left(n_{pr}^T \sigma_{pq} n_{qs} \right) \right] u_s \tag{5-13}$$

上式积分函数为 x，y，z 的平方形式，而辛普森法则是以二次曲线逼近的方式求取定积分近似解，因此利用辛普森法则可以比较容易计算出上式积分结果。假设 $\int_0^1 \int_0^1 \int_0^1 dx dy dz (n_{pr}^T \sigma_{pq} n_{qs}) = D_{rs}$，在三维情况下，$D_{rs}$ 是一个 8×8 的矩阵，即有限元方法中的劲度矩阵。则（5 – 13）可以变为：

$$En = \frac{1}{2} u_r D_{rs} u_s \tag{5-14}$$

将所有像素点的能量 En 相加可获得整个三维数字岩心中的总能量，在数字岩心电性研究中，也就是外加电场作用下系统总能量的消耗。每一个像素根据代表的物质（骨架、油气、水）取对应的电导率张量。通过使三维数字岩心中总能量取极小值，确定数字岩心中所有结点电压，从而求得三维数字岩心电性问题的离散数值解。

为了将单个像素上的局部能量与三维数字岩心的总能量联系起来，确定像素结点的局部编号规则与系统全局编号规则的对应性显得尤为重要。有限元算法中，三维数字岩心的像素信息储存一维整形数组 pix 中，每一个像素占两个字节，m 为数组的索引。通常情况下，构建的三维数字岩心的原始数据是一个三维数组，通过数组下标 (i, j, k) 进行数组元素位置索引，其中 i 的范围从 1 到 nx，

j 的范围从 1 到 ny，k 的范围从 1 到 nz，nx、ny、nz 是三维数字岩心 x、y、z 方向上像素个数，第一个像素的位置为 $(1, 1, 1)$。因此必须建立三维编号规则与一维编号规则的对应性，三维编号与一维编号的对应规则为：

$$m = nx \cdot ny \cdot (k - 1) + nx \cdot (j - 1) + i \qquad (5-15)$$

编号 m 代表三维数字岩心中第 m 个像素点。同时根据有限元算法结点编号规则，编号 m 也代表全局结点中第 m 个结点。在局部有限元编号规则中，第 m 个像素角上第 m 个结点编号为 1。在三维数字岩心中，每个非边界上的结点均为 8 个像素点所共用。因为这 8 个像素的所有结点都通过局部劲度矩阵和全局能量相联系，所以需要明确这 8 个像素中结点与公共结点的对应关系。如果公共结点 m 在数字岩心中的位置为 (i, j, k)，则以 m 为公共结点的 8 个像素的其他 27 个结点的编号可以通过对 i，j，k 进行加减 0、1 操作获得，这些编号存在数组 ib 中，即 $ib = ib \, (m, 27)$，像素其他结点与公共结点 m 的关系如图 5-2 所示。表 5-3 给出了相邻节点编号的规则。例如，$ib \, (m, 18)$ 指的是相对于结点 m [三维数字岩心中位置坐标为 (i, j, k)] 相对位置为 $(1, 1, 1)$ 的结点。需要注意的是，对于三维数字岩心内部的点，由于它们相对于公共结点位置 (i, j, k) 的固定对应关系，其相邻结点的位置编号很容易确定。但是对于周期性边界条件，数字岩心面上的结点，其相邻结点在结点所在面的相对面上。单个像素 8 个结点的编号规则与全局 27 个相邻结点编号规则的关系如表 5-4 所示。

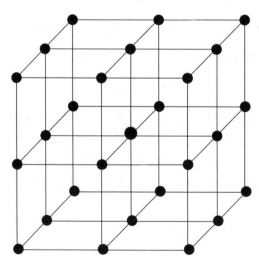

图 5-2　8 个像素所包含的所有结点，其中红色指编号为 m 的公共结点

表 5-3 三维数字岩心中相邻结点的编号规则

Δi	Δj	Δk	三维数字岩心中相邻结点编号
0	1	0	1
1	1	0	2
1	0	0	3
1	-1	0	4
0	-1	0	5
-1	-1	0	6
-1	0	0	7
-1	1	0	8
0	1	-1	9
1	1	-1	10
1	0	-1	11
1	-1	-1	12
0	-1	-1	13
-1	-1	-1	14
-1	0	-1	15
-1	1	-1	16
0	1	1	17
1	1	1	18
1	0	1	19
1	-1	1	20
0	1	1	21
-1	-1	1	22
-1	0	1	23
-1	1	1	24
0	0	-1	25
0	0	1	26

表 5-4 有限元结点编号与相邻结点编号对应关系

有限元结点编号	相邻结点编号
1	27
2	3
3	2

续表

有限元结点编号	相邻结点编号
4	1
5	26
6	19
7	18
8	17

周期性边界意味着假如数字岩心某一结点的 26 个相邻结点中任意一个结点超出三维数字岩心边界时，认为超出边界的结点位于三维数字岩心的对面。例如，在一个尺寸为 $50 \times 50 \times 50$ 的数字岩心中（即 $nx = ny = nz = 50$），编号为 m 的结点在三位数字岩心中的位置为 $i = 10$，$j = 21$，$k = 50$。通过公式 6 可以算出 $m = 123510$，根据相邻结点的编号规则（表 5 – 3），与编号为 m 的结点相邻且编号为 18 的结点在三维数字岩心中的位置应为 $i = 11$，$j = 22$，$k = 51$。但是 $k = 51 > nz$，根据周期性边界编号规则，编号 k 变为 $k - nz = 51 - 50 = 1$。因此，该结点位置变为 $i = 11$，$j = 22$，$k = 1$，其一维编号 $m = 1061$，所以 ib（123510，18）$= 1061$。对于数字岩心中的其他边界点（包括面上的点，棱上的点以及顶点）处理方法与上述方法类似。

在利用有限元方法求解三维数字岩心有效电导率之前，首先要考虑求解问题的边界条件。式（5 – 14）是正定的，所以当所有结点电压均为零时，公式取得极小值，但是该结果对于计算三维数字岩心的有效电导率毫无意义。应用周期性边界条件，在三维数字岩心边界上施加外电场，这时考虑三维数字岩心中总能量取极小值才能确定三维数字岩心的有效电导率。由于所建立的三维数字岩心结构比较复杂，不满足周期性边界，因此在计算中通过给三维数字岩心各边界分别加一层导电的像素点使其满足周期性边界条件。然后应用周期性边界条件，给三维数字岩心施加外部电场，通过总能量取极小值来计算岩石有效电导率。

对于一个位置满足 $i = nx$，$j < ny$，$k < nz$ 且编号为 m 的像素点，当计算该像素点的局部能量时，由于结点 2、3、6、7 在 x 方向上的编号为 $nx + 1$，超出了数字岩心的边界 nx，因此这 4 个结点的电压没有定义，但是应用周期性边界条件，这 4 个结点的电压分别取为 $i = 1$ 处，在 y 和 z 方向上具有相同编号 j 和 k 的像素点第 1，4，5，8 结点的电压。结点 1，4，5，8 所在的像素点的一维数组编号为 $M = m - nx + 1$。但周期边界条件导致边界结点上的电压具有 nx 个像素长度的跳跃。若施加的外电场强度为 $\vec{E} = (E_x, E_y, E_z)$，则在这些结点之间存在的压降

为 $-E_x nx$。第 m 个像素点处 8 个结点编号与电压的对应关系如表 5-5 所示。

表 5-5　结点编号与电压对应关系

像素结点编号	结点电压
1	$u_1\ (m)$
2	$u_1\ (M)\ -E_x nx$
3	$u_4\ (M)\ -E_x nx$
4	$u_4\ (m)$
5	$u_5\ (m)$
6	$u_5\ (M)\ -E_x nx$
7	$u_8\ (M)\ -E_x nx$
8	$u_8\ (m)$

对于在数字岩心边界上的像素，其结点电压可以表示为：$\mu_r = U_r + \delta_r$，其中 U_r 为 $ib\ (m, n)$ 编号规则给出的该像素点 8 个结点电压构成的电压向量，而 δ_r 是 8 个结点相应的电压校正值构成的校正向量。当在计算三维数字岩心表面、棱和顶点像素点的能量时，相邻结点编号数组 ib 用来在三维数字岩心中选取合适结点的电压值。

对于给定的像素，考虑到边界结点的特殊性，其能量可以统一用如下式表示：

$$En = \frac{1}{2}\left[\mu_r D_{rs}\mu_s + 2\delta_r D_{rs}\mu_s + \delta_r D_{rs}\delta_s\right] \qquad (5-16)$$

从上式可以看出，能量 En 是像素结点电压的二次函数。在特殊情况下，例如在 $i=nx$，$j<ny$，$k<nz$ 时，校正向量 δ_r 的 8 个分量分别为：$\delta_1=0$，$\delta_2=-E_x nx$，$\delta_3=-E_x nx$，$\delta_4=0$，$\delta_5=0$，$\delta_6=-E_x nx$，$\delta_7=-E_x nx$，$\delta_8=0$。表 5-6 给出了位于三维数字岩心不同表面、棱和顶点处结点的校正向量 δ_r 的元素值。

表 5-6　三维数字岩心中表面和端点处变量 δ_r 公式

r	$i=nx$	$j=ny$	$k=nz$	$i=nx$ $j=ny$	$i=nx$ $k=nz$	$j-ny$ $k=nz$	$i=nx$ $j=ny$ $k=nz$
1	0	0	0	0	0	0	0
2	$-E_x nx$	0	0	$-E_x nx$	$-E_x nx$	0	$-E_x nx$

,	$i=nx$	$j=ny$	$k=nz$	$i=nx$ $j=ny$	$i=nx$ $k=nz$	$j=ny$ $k=nz$	$i=nx$ $j=ny$ $k=nz$
3	$-E_x nx$	$-E_y ny$	0	$-E_x nx$ $-E_y ny$	$-E_x nx$	$-E_y ny$	$-E_x nx$ $-E_y ny$
4	0	$-E_y ny$	0	$-E_y ny$	0	$-E_y ny$	$-E_y ny$
5	0	0	$-E_z nz$	0	$-E_z nz$	$-E_z nz$	$-E_z nz$
6	$-E_x nx$	0	$-E_z nz$	$-E_x nx$	$-E_x nx$ $-E_z nz$	$-E_z nz$	$-E_x nx$ $-E_z nz$
7	$-E_x nx$	$-E_y ny$	$-E_z nz$	$-E_x nx$ $-E_y ny$	$-E_x nx$ $-E_z nz$	$-E_y ny$ $-E_z nz$	$-E_x nx$ $-E_y ny$ $-E_z nz$
8	0	$-E_y ny$	$-E_z nz$	$-E_y ny$	$-E_z nz$	$-E_y ny$ $-E_z nz$	$-E_y ny$ $-E_z nz$

由于能量 En 是像素结点电压的二次函数并且包含二次项、一次项和常数项，因此公式（5－16）可以写为：

$$En = \frac{1}{2}\mu_r D_{rs}\mu_s + b_r\mu_r + C \qquad (5-17)$$

其中，

$$b_s = \delta_r D_{rs}, \quad C = \frac{1}{2}\delta_r D_{rs}\delta_s \qquad (5-18)$$

对三维数字岩心系统中所有像素点能量进行求和，得到全局数组 b 和全局常数 C。b 为能量函数中一次项的系数。可以看出，仅有三维数字岩心边界上的像素且劲度矩阵 D_{rs} 不等于 0 时，才会对全局数组 b 和全局常数 C 的值有贡献。非周期边界可以通过在三维数字岩心周围包裹一层具有一个像素点厚度的绝缘介质实现，从而使得全局数组 b 和全局常数 C 为 0。

在建立起整个三维数字岩心能量方程之后，就可以采用共轭梯度法求解方程极小值，获得一系列的结点电压。在实际求解过程中并没有直接求解能量的极小值，而是采取求解能量相对结点电压偏导数为 0（即能量梯度为 0）的方法，当能量梯度为 0 时，有限元方法求得的解即为问题的精确解。由于能量相对于所有结点电压的偏导数组成了一个梯度向量，根据前面介绍的能量计算公式，能量梯度可以写为：

$$\frac{\partial En}{\partial \mu_m} = A_{mn}\mu_n + b_m \qquad (5-19)$$

式中，A_{mn} 和 b_m 为与结点电压有关的全局量。全局矩阵 A_{mn} 是基于与编号为 m 的结点相连接的 8 个像素的劲度矩阵 D_{rs} 构建的。矩阵 A_{mn} 一般是大型稀疏矩阵，因此在有限元算法中通过单个像素的劲度矩阵和合适的编号规则来计算 $A_{mn}\mu_n$ 的值来节省计算机内存空间。

三、各向异性有限元算法验证

前人利用有限元方法对各向同性岩石的电性开展了大量研究，但并未将有限元方法应用到具有各向异性特征的复杂储层电性研究上。为了研究针对数字岩心的有限元方法在各向异性介质电性计算方面的适应性，构建了简单的三层模型研究串联和并联情况系统的有效电阻率。通过对数值模拟结果与解析解的对比，从而对有限元方法在各向异性介质电阻率计算方面的准确性进行验证。

多相介质最简单的组合就是两相的串联和并联，设第一相电导率为 ρ_1，体积分数为 x，第二相的电导率为 ρ_2，体积分数为 $1-x$。当两相串联时，系统有效电阻率解析解为

$$\rho = x\rho_1 + (1-x)\rho_2 \qquad (5-20)$$

当两相并联时，系统的有限电阻率解析解可以表示为：

$$\rho = \left[\frac{x}{\rho_1} + \frac{(1-x)}{\rho_2}\right]^{-1} \qquad (5-21)$$

当第一相电阻率为 $2\Omega \cdot m$，体积分数为 $\frac{2}{3}$，第二相电阻率从 $0.1\Omega \cdot m$ 逐渐变到 $10\Omega \cdot m$，体积分数为 $\frac{1}{3}$，构建的三层串并联模型如图 5-3 所示，通过有限

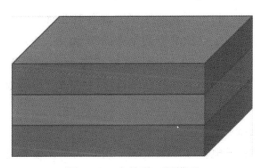

图 5-3　串并联三层模型

元方法和解析法求的系统有效电阻率如图5－4所示，从图中可以看出数值计算解与解析解吻合较好，证明了有限元方法可以用于各向异性介质电性研究。

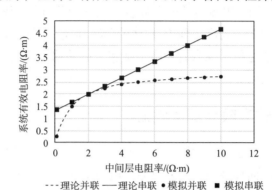

图5－4　串并联三维介质模型有效电阻率计算结果对比

第三节　微观因素对天然气储层岩石电性影响规律研究

一、天然气储层岩石电性研究的必要性

由于天然气和石油密度的差异，所以气层和油层在声学特性上差别比较大，在实际生产中声波测井也是识别气层比较有效的方法，因此对天然气储层岩石的声学特性研究是很有必要的。国内外很多学者已对油储层的电性影响因素和导电模型都进行了很深入的研究，由于天然气和石油都是不导电，有没有必要再对天然气储层岩石电性开展研究呢？针对这个问题，本小节通过对比天然和石油的物性差异及储层特征差异，讨论了天然气储层岩石电性研究的必要性。

储层岩石的电性特征主要取决于两个方面的原因：一是地层水的导电性，二是取决于地层水的含量（饱和度）及其在孔隙空间中的分布形式。通过研究分析我们认为，由于天然气同原油在物理特性上的差异，可能对上述两个方面均会产生影响。

1. 地层水的导电性

在油层中地层水的导电性主要取决于地层水的矿化度及地层温度。地层水的矿化度越大、地层温度越高，则地层水的导电性就越强，储层的电阻率也就越低。因此，很多研究表明，高矿化度地层水是形成低电阻率储层的一个重要原因。

　　天然气储层中地层水的导电性仍然受到上述因素的影响，然而同油层不同的是：天然气储层中地层水的导电性除了上述影响因素之外，天然气在水中的溶解特性也可能是影响天然气储层地层水导电性的一个主要因素。由于天然气在地层水中的溶解度远大于石油在水中的溶解度，在加之在天然气藏中，天然气所占据的孔隙空间大，因此天然气同地层水之间的接触表面大。通过长期的接触使得天然气在地层水中的溶解充分，图 5-5 是天然气在角隅水中溶解的示意图。地层水中溶解的非导电相（天然气）越多，地层水的导电性就越差。因此，我们认为天然气在地层水中的大量溶解可能会造成天然气层中地层水的导电性降低，特别是在天然气同地层水充分接触的束缚水状态下更是如此。

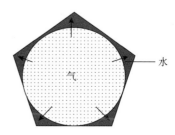

图 5-5　天然气在角隅水中的溶解示意图

　　在认识到这一点的同时，也将给测井解释带来了困难。既然与天然气充分接触的地层水导电性可能低于相同状况下水层或油层中地层水的导电性，那么如何确定天然气储层中地层水的导电性？通常确定水层或油层中地层水导电性的解释方法可能不适用。我们认为这一点可以通过实验途径解决：首先通过地面实验建立天然气的溶解度（量）同水溶液导电性之间的关系图版，然后利用天然气的溶解度-压力-温度的关系图版求取地层条件下天然气的溶解度，最后确定（或更正）地层水的电导率。

　　天然气在地层水的溶解除了同地层温度、压力有关外，还与地层水矿化度有关。图 5-6 是在地层温度 80℃ 和压力 25MPa 条件下，天然气溶解度同地层水

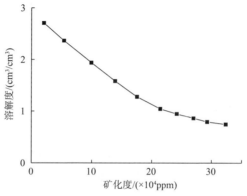

图 5-6　天然气溶解度同地层水矿化度之间的关系（80℃，25MPa）

矿化度之间的关系曲线，从图中可以看出，随地层水矿化度的增大，天然气在地层水中的溶解度降低。因此在低矿化度地层水天然气储层中，天然气溶解性对地层水导电性的影响不容忽视。

2. 润湿性

储层润湿性控制着孔隙空间的流体分布，对储层岩石的导电性具有很大影响。在储层的孔隙空间中，润湿性流体优先附着在孔隙壁，并占据着尺寸较小的孔隙，非润湿性流体主要占据孔隙的中央和大孔隙内。润湿相通常在低饱和度情况下也能够保持连续性，而非润湿相只有达到一定的饱和度之后才能够保连续性。

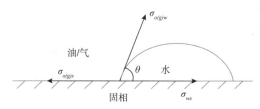

图 5 - 7 表面张力与接触角

储层一般来说是水湿的，也有学者指出混合润湿可能会更符合油藏的实际情况。石油和天然气在储层中均属于非润湿相流体，它们主要位于孔隙的中央，油气藏的形成过程是一个典型的排驱过程。图5 - 7是流体在固体表面的表面张力及接触角示意图。其中，θ 为流体在岩石表面的接触角，接触角的大小反映了流体润湿性的强弱：

$\theta = 0°$，则完全水湿，亲水性极强；

$\theta < 90°$，则水湿，亲水性好；

$\theta > 90°$，则油湿，亲油性好；

$\theta = 180°$，则完全油湿，亲油性极强。

从图5 - 7可以看出，在三相接触点，三种表面张力之间满足下面的关系式：

$$\sigma_{o(g)s} = \sigma_{ws} + \sigma_{o(g)w}\cos\theta \qquad (5 - 22)$$

式（5 - 22）即为著名的 Yong-Laplase 方程，由 Yong 方程可以得到接触角的表达式：

$$\cos\theta = \frac{\sigma_{o(g)s-ws}}{\sigma_{o(g)w}} \qquad (5 - 23)$$

由于天然气的润湿性比石油差（$\theta_{gw} < \theta_{ow}$），因而在气水体系中水更容易黏附在岩石表面，更易残留在小孔隙内，而气体主要位于大孔隙以及孔隙的中央。

3. 表面张力

由于天然气的表面张力大于原油的界面张力，因此使得天然气在储层岩石中所受的毛细管阻力远大于原油在孔隙中所受到的毛细管阻力。在天然气能够运移并形成气藏的条件下，可以认为天然气运移的动力（水压、构造压力等）能够克服天然气所受的毛细管阻力。由于天然气是在较大的压力条件下运移、聚集的，因此使得运移过程中孔隙中间的天然气对孔隙周围水膜的压力也越大（图5 - 8），因而水膜的厚度比油驱水过程中的水膜厚度薄一些。

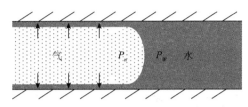

图 5 - 8　天然气在孔隙中的驱替及对表面水膜的挤压作用

在低含水饱和度下，岩石表面的水膜对岩石宏观导电性的影响比较明显，由于天然气储层岩石表面的水膜比油藏条件下的水膜薄，所以在低含水饱和度下，天然气层的电阻率比相同状况下油层的电阻率高。

上述现象也可从另外的角度加以分析。在低毛细管数（低流速）的条件下，液膜稳定时的厚度 δ_f 为：

$$\delta_f = 0.643R(3C_a)^{\frac{2}{3}} \qquad (5 - 24)$$

式中，C_a 为毛细管数。利用式（5 - 24），可进一步分析在油 - 水和气 - 水两种不同体系中岩石表面水膜厚度的差异。由 δ_f 的表达式可以看出在油 - 水体系中水膜的厚度与气 - 水体系中水膜的厚度之比为：

$$\frac{\delta_{f-ow}}{\delta_{f-gw}} = \left(\frac{C_{a-ow}}{C_{a-gw}}\right)^{\frac{2}{3}} = \left(\frac{\mu_o \sigma_{gw}}{\mu_g \sigma_{ow}}\right)^{\frac{2}{3}} \qquad (5 - 25)$$

通常，油气的黏度比相差几个数量级，气水的表面张力远大于油水的界面张力。在这里不妨设油气的黏度比为100，气水的表面张力同油水的表面张力之比为3。则由上面的式子可知在油水体系中水膜的厚度与气水体系中水膜的厚度之比大于40。也就是说在油水体系中润湿水膜的厚度比气水体系中润湿水膜的厚度至少要大一个数量级以上。由此可见在油水体系中的润湿水膜远大于气水体系中的润湿水膜。

4. 孔隙尺寸及连通性

储层岩石孔隙的几何、拓扑特性都对岩石的电阻率具有很大的影响。储层孔隙尺寸的大小，往往反映了孔隙度的大小。孔隙尺寸越大，孔隙度越大，流体流动的空间也越大，岩石电阻率将降低。孔隙连通性越好，渗流的通道就越多，流体流动、电流传导的并行路径就越多，因而电阻率减小。描述储层孔隙空间几何、拓扑特征的参数主要有孔隙体和喉道的半径、长度，孔喉比，孔喉中值半径，配位数以及孔隙均质系数等。这些参数的变化反映了储层几何尺寸、空间连通状况的变化，因此将对储层岩石的电阻率产生影响。

气层岩石是一种典型的的多孔介质，天然气储层岩石电性主要受岩石微观结构、孔隙空间的流体分布以及流体性质的影响，主要影响因素有粒径尺寸、润湿性、地层水矿化度、天然气溶解性等。由于传统的岩石物理实验不能定量控制、观察以上所说的微观因素，所以通过传统的岩石物理实验研究微观因素对天然气储层岩石电性的影响非常困难，此外对于低孔低渗岩心，进行流体驱替实验并测量不同流体分布对岩石电性的影响是目前公认的难点和研究热点。鉴于宏观岩电实验无法直接控制、观测孔隙微观结构、流体性质、润湿性对流体分布的影响，在建立能够反映岩石真实孔隙结构，并包含岩石矿物和流体的三维数字岩心的基础上，利用有限元的方法研究了天然气储层岩石电性的微观影响因素及规律，并揭示了油气层在电性上的微观差异。

二、粒径尺寸对气层岩石电性的影响

岩石的粒径控制着孔隙的大小、形状以及连接孔隙之间的喉道的大小和形状，因此粒径的不同会造成岩石孔喉尺寸的差异。储层的孔喉尺寸大小影响流体驱体时的毛管压力，并对孔隙空间的流体分布、电流的传导等都会产生影响。在第四章已经研究了岩石粒径对气层岩石声学特性的影响，通过研究发现岩石粒径对岩石弹性性质有重要的影响，本章将基于上一章所建立的不同粒径的三维数字岩心，利用有限元的方法研究岩石粒径对气层岩石电学特性的影响。由于骨架和天然气都是不导电的，所以在数值模拟中设定骨架和气体的电导率均为0，地层水电导率 $\sigma_w = 1$。数值模拟结果表明在相同孔隙度下，随着岩石粒径的变小（岩石颗粒变细），地层因素增大，如图 5 – 9（a）所示。原因是不同粒径构建的岩心在微观孔隙结构上是不同的，粒径越小，所构建岩石孔隙结构越复杂，迂曲度越大，从而导致岩石地层因素变大，反之粒径越大，迂曲度越小，岩石地层因素越小。图 5 – 9（b）给出了孔隙度为 15% 的岩心胶结指数 m 与粒径的关系，从图 5 – 9（b）上可以看出随着岩石颗粒的变细，胶结指数变大。通过第二章分析可知油气物性的差异会造成油气层电性的差异，由于地层因素与岩石孔隙结构、地层水矿化度有关，因此对于油气层来说，岩石粒径对其地层因素的影响是一致的。

为了研究粒径对岩石电阻率指数的影响，选孔隙度为 20%，粒径 d 分别为 $100\mu m$、$200\mu m$、$300\mu m$ 的岩心，利用格子玻尔兹曼方法确定岩石孔隙空间的流

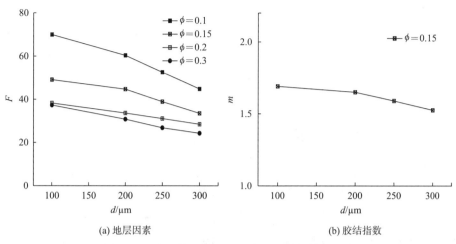

(a) 地层因素　　　　　　　　　　(b) 胶结指数

图 5 - 9　岩石粒径对地层因素和胶结指数的影响

体分布，获取不同含水饱和度的岩心，然后利用有限元方法计算不同含水饱和度下岩心的电阻率。具体数值模拟结果如图 5 - 10 所示，其中图 5 - 10（a）为气层，图 5 - 10（b）为油层。粒径分布控制着岩石的孔隙结构，粒径越大，孔隙

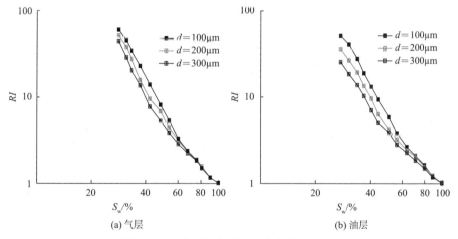

(a) 气层　　　　　　　　　　(b) 油层

图 5 - 10　岩石粒径对电阻率指数的影响

空间的迂曲度越小，电流在岩石中流动所受到的"阻力"就越小。从模拟结果可以看出，粒径对天然气层岩石电阻率的影响规律与粒径对油层岩石电阻率的影响规律既有相似的地方，也存在差别。对于气层岩石来说，在高含水饱和度下，粒径对气层岩石电阻率的影响不明显，在中低含水饱和度时，随着粒径的减小，电阻率指数增大，但是增大的幅度不如油层明显。这是因为对于亲水岩石，由于

水同岩石长时间接触，储层表面会形成一层水膜，水膜为电流传导提供了流动通道。由于气水表面张力大于油水的表面张力，因此相比油层，气层表面的水膜比较薄，岩石粒径的变小导致孔隙空间迂曲度变大，从而会影响水膜的传导作用，对油层的影响幅度要大于气层。在高含水饱和度下粒径对电阻率指数的影响不明显，此规律同油层类似。

三、连通性对气层岩石电性的影响

岩石孔隙之间的连通性对孔隙空间的油气水分布、电流流动都有很大的影响。通常孔隙之间的连通性越好，电流流动的通道就越多，在水存在的情况下，电流流动的并行路径增多，所以储层岩石的电阻率会减小。岩石孔隙空间的拓扑特性即连通性一般用平均配位数来表征，配位数越大说明孔隙连通性越好，配位数越小说明孔隙连通性越差。分别建立了平均配位数 $Z=2$、$Z=3.5$、$Z=6$ 的三维数字岩心，其中粒径尺寸分布相差不大，岩心孔隙度都为 25%，基于三维数字岩心研究了孔隙连通性对天然气储层岩石电阻率的影响，具体数值模拟结果如图 5 - 11 所示。数值模拟结果表明，配位数大小对天然气储层岩石电阻率有显著

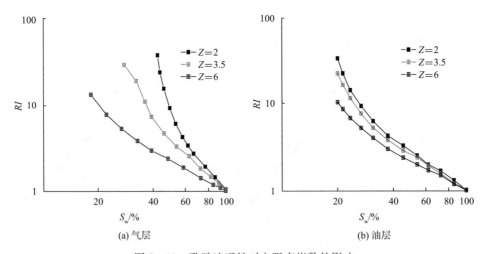

(a) 气层　　　　　　　　　　　　(b) 油层

图 5 - 11　孔隙连通性对电阻率指数的影响

的影响，在相同含水饱和度条件下，随着配位数的增大，气储层岩石的电阻率指数和饱和度指数 n 均减小，在含水饱和度较低时，这种影响更为明显，在含水饱和度较高时影响较弱。这是主要是因为孔隙空间的连通性越好，在含水饱和度较低时，水更容易从入口端流到出口端，使得电流的迂曲度减小，从而降低了岩石的电阻率。在含水饱和度较高时，由于大部分孔隙空间内都包含水，因此这种影

响效果不明显。通过对比两图可以发现，孔隙连通性对气层的影响规律和油层基本相似，但孔隙连通性对天然气储层岩石电阻率指数的影响幅度要比油储层岩石大些。这主要是因为油气物性的差异造成了储层连通性对油层和气层电性的影响存在差异。

四、润湿性对气层岩石电性的影响

岩石的润湿性是岩石矿物与储层流体相互作用的结果，是一种综合特性。它也是储层基本的特性参数之一，与岩石孔隙度、渗透率、饱和度、孔隙结构同样重要。油气层润湿性控制着储层孔隙空间油、气、水的位置与分布，因此其对储层岩石的电学特性、毛管压力及束缚水饱和度等均有很大的影响。在储层孔隙空间中，润湿性流体优先附着在孔隙表面，并尽量占据尺寸较小的孔隙，非润湿流体主要位于孔隙的中央和尺寸较大的孔隙内。润湿相通常在低饱和度情况下也能够保持连续性，而非润湿相只有达到一定的饱和度之后才能够保连续性。储层通常是水湿的，也有学者指出混合润湿可能更符合油藏实际。在本研究中只考虑了水湿和气湿这两种典型的情况。为了研究润湿性对天然气储层岩石电性的影响，利用 X 射线 CT 构建了四块枫丹白露砂岩的三维数字岩心，基于三维数字岩心利用 LBM 方法确定了储层岩石孔隙空间中的气水分布，对于水湿条件下润湿参数取 $G_{fs}^w = -0.016$，$G_{fs}^g = 0.016$，气湿条件取 $G_{fs}^w = 0.016$，$G_{fs}^g = -0.016$。图 5 – 12 和图 5 – 13 分别给出了孔隙度为 19% 的枫丹白露砂岩在水湿和气湿条件下的流体分布，其中骨架设为透明，蓝色代表水，红色代表气。从图上可以看出对于水湿储层，气占据大孔隙和大喉道而水占据小孔隙和小喉道。对于气湿储层，流体分布恰好相反，气占据小孔隙和小喉道而水占据大孔隙和大喉道。

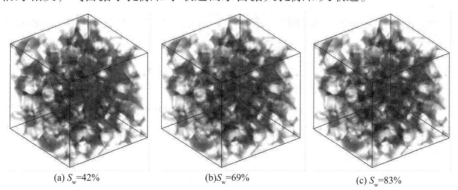

(a) S_w=42%　　　　(b) S_w=69%　　　　(c) S_w=83%

图 5 – 12　不同含水饱和度下的流体分布（水湿储层）

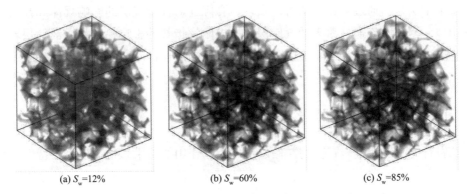

(a) S_w=12%　　　　(b) S_w=60%　　　　(c) S_w=85%

图 5 – 13　不同含水饱和度下的流体分布（气湿储层）

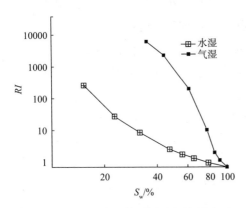

图 5 – 14　润湿性对天然气储层岩石
电阻率指数的影响

图 5 – 14 给出了水湿储层和气湿储层电阻率指数的比较。从图中可以看出在整个含水饱和度范围内，气湿储层的电阻率指数明显高于水湿储层的电阻率指数，两者的差别随含水饱和度的降低而增加。这主要是因为润湿性改变了储层岩石孔隙空间的气水分布和存在形式。在水湿储层中，水占据微孔隙以及大孔隙的边缘部分，而油气占据大孔隙的中间。由于岩石表面长期受水的侵泡，会在岩石表面形成一层水膜，为电流提供了额外的流动通道，因此在相同含水饱和度下，水湿储层的电阻率低于气湿储层的电阻率。多年来，很多学者就润湿性对油储层岩石电性的影响进行了大量的实验和理论研究。一致认为水湿储层岩石的电阻率低于油湿储层的电阻率，在含水饱和度较低的条件下其差别更为明显。因此润湿性对天然气储层岩石电性的影响规律与其对油储层电性的影响规律基本一致。从图 5 – 14 还可以看出在水湿条件下，含水饱和度指数 n 随含水饱和度的降低而增加，在不考虑水膜的附加导电性时，水润湿储层的 RI-S_w 曲线呈现非阿尔奇现象。在气湿条件下，n 随含水饱和度的降低有减小的趋势，在整个含水饱和度范围内含水饱和度指数 $n>5$，也出现了非阿尔奇现象。

在亲水岩石中，天然气储层和油储层的水湿强度存在一定的差别。这是因为天然气的润湿性比石油差（$\theta_{gw}<\theta_{ow}$），所以在气水体系中水更容易黏附在岩石表面，更易残留在小孔隙内，而气体主要位于大孔隙以及孔隙的中央。因此在天然

气储层中水湿强度要比油储层要大些。在利用 LBM 确定储层岩石孔隙空间的流体分布时，流体与固体之间的相互作用系数 G_{fs}^w 大小反映了岩石水湿的强弱，G_{fs}^w 越小（润湿角越小），水湿性越强。由于在天然气储层中水湿强度要比油储层要大些，因此相对油层而言，天然气储层的 G_{fs}^w 比油层稍小。为了研究水湿性对油气层电性影响的差异，在数值模拟中，天然气储层岩石润湿参数取 $G_{fs}^w =$ -0.016，$G_{fs}^g = 0.016$，油储层岩石润湿参数取 $G_{fs}^w = -0.01$，$G_{fs}^o = 0.01$。具体数值模拟结果如图 5 - 15，从图上可以发现相同含水饱和度下，天然气储层岩石的电阻率指数要低于油储层岩石的电阻率指数。这与前面的分析也是一致的，主要是因为天然气储层的水湿强度大于油储层。但实际测试中，天然气储层的电阻率高于油层电阻率，这主要是由于储层岩石表面的水膜厚度和天然气溶解性所造成的，下面将分析这两个因素对气层岩石电性的影响。

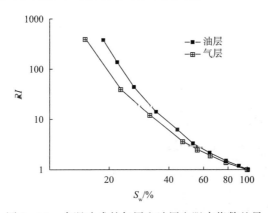

图 5 - 15　水湿造成的气层和油层电阻率指数差异

五、水膜厚度对气层岩石电性的影响

对于水湿岩石，当孔隙中的地层水被油气驱替以后，孔隙表面将存在水膜，如图 5 - 16 所示，其中蓝色代表岩石骨架，黄色代表气，绿色代表水，红色代表水膜。水膜的厚度在纳米数量级，水膜中的水是不可流动的，是束缚水的一部分。虽然水膜的厚度很薄，但是对岩石的电性具有较大的影响，特别是在低含水饱和度下更是如此。图 5 - 17 给出了水膜厚度对天然气储层岩石导电特性的影响，在文献中可以得出天然气层的水膜厚度在纳米级，在数值模拟中设水膜厚度分别为：$D_1 = 0$，$D_2 = 30 \times 10^{-9} \mathrm{m}$，$D_3 = 35 \times 10^{-9} \mathrm{m}$，$D_4 = 45 \times 10^{-9} \mathrm{m}$，水膜电导率与地层水电导率一样。从图中可以看出随着润湿水膜厚度的增加（附加导电性的增强），天然气储层的电阻率指数明显降低，在低含水饱和度时，电阻率指数降低的幅度比较明显，随含水饱和度的增加，最后趋于恒定值，饱和度指数也随着水膜厚度的增加而降低。在图中还可以看出，当水膜到一定厚度时，电阻率指数和含水饱和度之间是线性关系，表现为经典的阿尔奇关系。Sharma 等（1988）和 Suman 等（1997）都就水膜厚度对油储层岩石的电性影响进行了理论和实验研究，最后均一致认为水膜厚度对油层电阻率的影响比较显著，油层电阻率指数和饱和度指数均随水膜厚度的增加而减小，这与水膜厚度对天然气储层岩石电性的影响规律是一样的。根据前面分析可知，由于天然气和原油在物性上的差别，使得天然气层中岩石颗粒表面的水膜比油藏条件小的水膜薄一些（至少相差一个数量级），这也导致了天然气储层和油层电阻率的差异，水膜厚度的影响会导致天然气储层电阻率高于油层电阻率。因此水膜厚度对天然气储层岩石和油储层岩石的电阻率均具有较大的影响，在利用阿尔奇公式定量计算油气饱和度时，必须考虑水膜厚度的影响，以便选择合适的饱和度指数。

图 5 - 16　含有水膜导电的水湿储层岩石的
流体分布（$S_w = 78\%$）

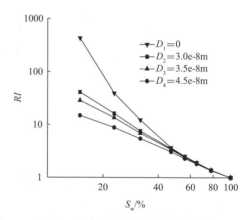

图 5 - 17　水膜厚度对天然气储层
岩石电性的影响

六、天然气溶解性对气层岩石电性的影响

天然气的运移相态多种多样，既可以呈游离相，又可呈溶解相。其中溶解于油中或水中的运移，是天然气运移的重要形式。天然气可以大量溶解于地层水或油中，地层水中的含气量随深度的增加而增加。在地下埋藏较深的高温高压条件下，地层水中溶解气量很大。因此和油储层相比，对于天然气储层要考虑天然气的溶解性对电性传导的影响。

在常温常压下烃类气体在水中的溶解度一般要比石油在水中的溶解度大很

多，在高温高压条件下还要大，和油储层相比，对于天然气储层岩石要考虑天然气的溶解性对电性传导的影响。图 5 – 18 是天然气溶解度与地层水矿化度之间的关系曲线，从图中可以看出，随着地层水矿化度的降低，天然气在地层水中的溶解度升高。因此在低矿化度地层水天然气储层中，天然气溶解性对地层水导电性的影响不容忽视。

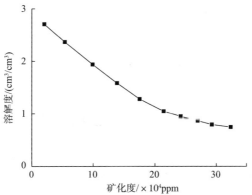

图 5 – 18　天然气溶解度同地层水矿化度之间的关系（80℃，25MPa）

当地层水中溶解有大量非导电性的气体时，其电导率将降低。由于天然气在地层水中的溶解度很大，再加之天然气同地层水的长期接触，因此天然气层中同天然气接触的地层水的电阻率将比原始地层水电阻率要高。在模拟中假设同天然气直接接触的地层水的电阻率是原始电阻率的 H 倍（H 越大，表示天然气溶解度越大），其中储层岩石为水湿储层岩石，水膜厚度为 30×10^{-9}m，地层水矿化度为 3000ppm，图 5 – 19 是模拟结果。从图 5 – 19（a）中可以看出，当 H 大于 2

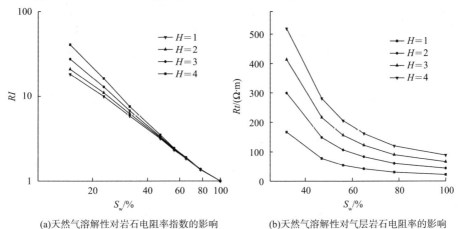

(a)天然气溶解性对岩石电阻率指数的影响　　(b)天然气溶解性对气层岩石电阻率的影响

图 5 – 19　天然气溶解性对岩石电性的影响

时，天然气溶解性对岩石电阻率指数的影响已比较明显了，随着 H 值的增大，电阻率指数增加，也就是说电阻率指数随着天然气溶解度的增加而增大。在低含水饱和度时，天然气溶解度对电阻率指数的影响比较明显，随含水饱和度的增加，最后趋于恒定值。图 5 – 19（b）是天然气溶解度对岩石电阻率的影响，从图中可以看出随着含水饱和度的增加，岩石电阻率减小，当含水饱和度比较低时，岩心电阻率随含水饱和度的增加急剧减小，含水饱和度较高时，岩石电阻率减小缓慢。从图中还可以看出岩石电阻率随天然气溶解度的增加而增大，在低含水饱和度时，天然气溶解度对电阻率的影响比较明显，随含水饱和度的增加，影响减弱。

七、地层水矿化度对气层岩石电性的影响

岩石由固体骨架和孔隙两部分组成，一般认为骨架是不导电的，所以岩石的导电性主要受岩石孔隙结构、孔隙流体导电性、流体饱和度等因素的影响。由于天然气电阻率远大于地层水的电阻率，因此岩石的电阻率大小主要取决于地层水含量、地层水在孔隙空间的分布以及地层水的电导率。地层水中主要含有 $NaCl$、KCl、$CaCO_3$、Na_2SO_4、$MgSO_4$ 等盐类成分，组成盐类的这些离子具有不同的离子价和迁移率。当含盐类及含盐量不同时，地层水的电阻率也不同，在实际处理中，通常将其盐类成分等效转化为 $NaCl$ 溶液的浓度，即地层水矿化度来表征地层水的导电特性。地层水电阻率的大小受地层水矿化度、地层温度的影响。地层水电阻率随着地层水矿化度的增大、地层温度的升高而降低。当地层温度恒定时，地层水电阻率的大小主要取决于地层水矿化度。

数值模拟表明，对于纯砂岩，地层水矿化度对含油气岩石的电阻率 R_t 和饱水岩石的电阻率 R_0 都会产生影响，因此对电阻率指数 RI 的影响较小。图 5 – 20 给出了地层水矿化度分别为 3000ppm，12000ppm，80000ppm 三种情况下的电阻率模拟结果。从图上可以看出随着地层水矿化度的增大，天然气储层和油储层岩石的电阻率均有明显的降低，特别是在低含水饱和度下，随矿化度的增加，岩石电阻率急剧降低，而在高含水饱和度下矿化度对岩石电阻率的影响不明显。通过对比图 5 – 20（a）和图 5 – 20（b）可以发现在相同矿化度下，天然气储层岩石的电阻率要略高于油储层，特别是在低矿化度下，这种现象更明显。这主要是因为天然气相比油更易溶解于水，并随着地层水矿化度的降低，溶解度变大，当地层水中溶有不导电的气体时，地层水电阻率会变大。

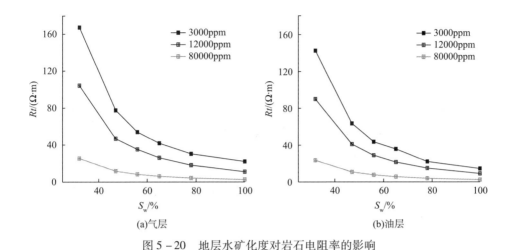

图 5 - 20　地层水矿化度对岩石电阻率的影响

八、典型天然气储层和油层电阻率比较

前面讨论了几种微观因素对天然气储层岩石电性的影响规律,分析表明,同油层类似,天然气储层的电性受到多种因素的影响,不同影响因素的影响趋势、影响程度不相同。由于天然气同原油在物性上的差异,使得相同的因素对油层和气层的影响存在差异。根据以上分析可得出,在岩心孔隙结构、孔隙度、含水饱和度以及地层水矿化度相差不大时,造成气层电阻率高于油层电阻率的主要原因是水膜厚度和天然气的溶解性。此外,在上述讨论中还没有考虑黏土矿物对天然气层电阻率的影响,因而还有待进一步的深入研究。为了综合比较天然气层和油层电阻率的差异,根据天然气层、油层的物性差异,选取了典型的模拟参数(储层为水湿),研究了其各自的电性特征,模拟参数如表 5 -7 所示,模拟结果如图5 -21 所示。

表 5 -7　典型天然气层和油层模拟参数

	润湿参数	水膜厚度/ (×10⁻⁹m)	密度/ (kg/m³)	表面张力/ (mN/m)	考虑重力影响	H 值
油层	$G_{fs} = \pm 0.01$	200	800	30	No	1.0
气层	$G_{fs} = \pm 0.016$	20	0.3	70	Yes	3.0

从图 5 -21 可以看出,典型天然气层和油层的电阻率指数存在较大的差异:天然气层的电阻率指数明显大于油层;天然气层的饱和度指数(RI-S_w 曲线斜率

的绝对值）大于油层；在不同含水饱和度下天然气层饱和度指数的变化较小，而油层饱和度指数变化的幅度较大。

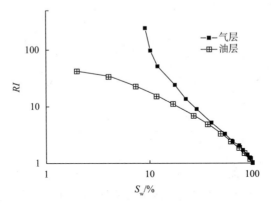

图 5 - 21　典型天然气层和油层电阻率的模拟结果比较

第四节　致密砂岩微观孔隙结构对岩石电性的影响

一、孔隙尺寸对岩石电性的影响

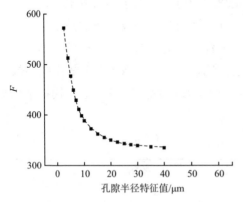

图 5 - 22　不同孔隙半径特征值与
地层因素的关系曲线

为了分析孔隙尺寸对岩石电性特性的影响，选取孔隙半径分布特征值，保持其他参数不变，成倍数改变孔隙网络模型的孔隙半径分布，经过离散后转化为不同孔隙尺寸的数字岩心。为了消除地层水电阻率的影响，应用有限元方法求解不同孔隙尺寸下数字岩心的地层因素，各岩心不同孔隙半径特征值与地层因素的关系曲线如图 5 - 22 所示。从图中可以看出，随着孔隙尺寸的增大，曲线可以分为两部分，地层因素先快速减小，之后趋于稳定值。第一部分由于孔隙空间增大，增加了岩石的电导率，地层因素减小；第二部分趋于稳定是由于喉道半径不变，虽然增加了孔隙半径，孔隙部分电阻很小，但与其串联的喉道部分电阻仍然没有变化，因此整个岩石的电阻率也基本不变，地层因素也不变。

图 5-23 是不同含水饱和度与电阻增大系数的关系图。从该图可以看出，在相同含水饱和度情况下随着孔隙整体尺寸的增大，岩石的电阻增大系数增大，但增大的幅度不大，并且整体 I-S_w 的基本趋势不变，这说明由于增大了孔隙体积，模型中流体分布发生了改变，但变化不大，原来微小孔隙中存在导电性强的束缚水，由于孔隙体积增大，束缚水的作用减弱。随着孔隙尺寸继续增大，I-S_w 曲线基本不变。

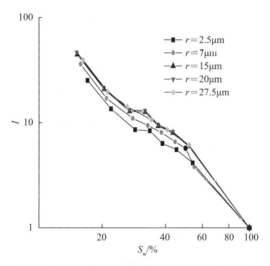

图 5-23　不同孔隙半径特征值下 I-S_w 曲线

二、喉道尺寸对岩石电性的影响

为了分析喉道尺寸对岩石电性特性的影响，选取喉道半径分布特征值，保持其他参数不变，成倍数改变孔隙网络模型的喉道半径分布，经过离散后转化为不同喉道尺寸的数字岩心。为了消除地层水电阻率的影响，应用有限元方法求解不同喉道尺寸下数字岩心的地层因素，各岩心不同喉道半径特征值与地层因素的关系曲线如图 5-24 所示。从图中可以看出，随着喉道尺寸的增大，曲线同样可以分为两部分，地层因素先快速减小，之后趋于稳定值。第一部分由于喉道空间增大，增加了岩石的电导率，地层因素减小；第二部分趋于稳定是由于喉道的增大已经超出了孔隙的尺寸，孔隙电阻不变，孔隙成为控制岩石电阻率的主要因素。

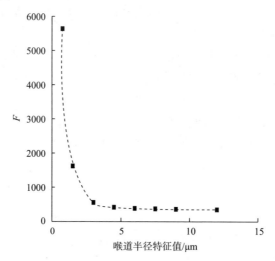

图 5 - 24   不同喉道半径特征值与地层因素的关系曲线

图 5 - 25 是在不同喉道半径特征值下，不同含水饱和度与电阻增大系数的关系图。从该图可以看出，在不同含水饱和度下，喉道半径的变化对电阻增大系数

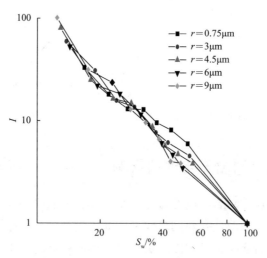

图 5 - 25   不同喉道半径特征值下 I-S_w 曲线

的影响时不一样的。在中高含水段（$S_w > 40\%$），随着喉道半径特征值增大，电阻增大系数减小。结合不同孔隙半径特征值与地层因素关系曲线，可以发现孔喉比越大，电阻增大系数越大，但其增大的幅度相对其他孔隙结构因素来说较小（后面分析）。在低含水段，随着喉道半径特征值增大，电阻增大系数没有明显的变化规律，这是由于致密砂岩有着复杂的孔隙结构，当喉道增大，非润湿相在

其中分布发生不均匀的变化，尤其是含水饱和度低时，在不同喉道半径下岩石的导电通路变化较大，这也是致密砂岩与均质性砂岩的不同之处。

三、孔喉尺寸对岩石电性的影响

为了分析孔喉尺寸对岩石电性特性的影响，选取孔隙半径分布特征值和喉道半径分布的特征值的平均值作为孔喉半径的特征值，保持其他参数不变，成倍数改变孔隙网络模型的孔隙半径分布和喉道半径分布，经过离散后转化为不同喉道尺寸的数字岩心。为了消除地层水电阻率的影响，应用有限元方法求解不同喉道尺寸下数字岩心的地层因素，各岩心不同孔喉半径特征值与地层因素的关系曲线如图 5-26 所示。从图中可以看出，随着孔喉尺寸的增大，曲线以幂函数形式下降。这说明当孔隙结构不发生改变，只是成倍增大孔隙度时，岩石的胶结指数和孔隙迂曲度是不变的，地层因素与孔隙度完全满足 $F = \dfrac{a}{\varphi^m}$ 关系。

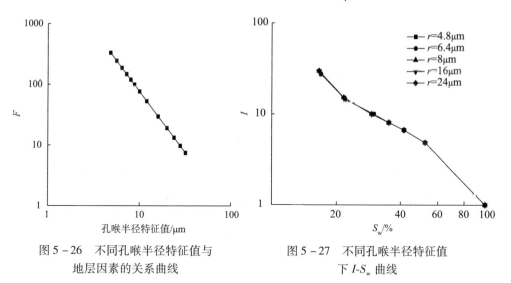

图 5-26　不同孔喉半径特征值与地层因素的关系曲线　　图 5-27　不同孔喉半径特征值下 I-S_w 曲线

图 5-27 是在不同孔喉半径特征值下，不同含水饱和度与电阻增大系数的关系图。从该图可以看出，无论孔喉半径同时变化多少倍，含水饱和度与电阻增大系数的关系曲线是不变的。这说明只要孔隙结构不发生改变，不同含水饱和度下岩石孔隙中流体的分布不会发生改变。

四、配位数对岩石电性的影响

为了分析配位数对岩石电性特性的影响，选取平均配位数，保持其他参数不变，成倍数改变孔隙网络模型的配位数，经过离散后转化为不同喉道尺寸的数字岩心。为了消除地层水电阻率的影响，应用有限元方法求解不同配位数下数字岩心的地层因素，各岩心不同配位数与地层因素的关系曲线如图 5 – 28 所示。从图中可以看出，配位数越大，孔隙之间的连通性越好，则流体的流动通道就越多，电流流动的并行路径增大，因此岩石的电阻率将会减小，地层因素减小。

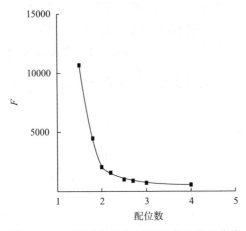

图 5 – 28　不同配位数与地层因素的关系曲线

图 5 – 29 是在不同配位数下，不同含水饱和度与电阻增大系数的关系图。从该图可以看出，随着配位数的增大，在相同含水饱和度下电阻增大系数大幅度减

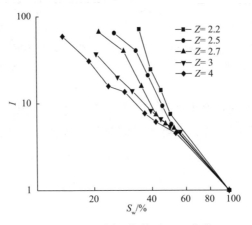

图 5 – 29　不同配位数下 I-S_w 曲线

小，尤其当含水饱和度比较低时更为明显，在高含水饱和度下影响相对较弱。这是因为配位数越大，孔隙连通性越好，在低含水饱和度下，水更容易找到贯穿整个岩心的连通通道，使得电流流通路径减小，电阻增大系数也减小。而在高含水饱和度下，由于大多数孔隙通道中都含有水，因此电阻增大系数减小的幅度不明显。

五、形状因子对岩石电性的影响

孔喉形状可以用形状因子 G 来表征，G 越小，表示孔隙和喉道的形状越不规则，角隅越明显。

为了分析形状因子对岩石电性特性的影响，基于数字岩心计算孔隙形状因子和喉道形状因子的平均值，然后再取两者的平均值得到平均形状因子。保持模型的其他参数不变，同时改变孔隙和喉道形状因子选取平均形状因子，经过离散后转化为不同孔喉形状因子的数字岩心。为了消除地层水电阻率的影响，应用有限元方法求解不同形状因子下数字岩心的地层因素，各岩心不同形状因子与地层因素的关系曲线如图 5-30 所示。从图中可以看出，形状因子与地层因素呈线性关系，形状因子越大，地层因素越大。这时因为整个模型的孔隙半径时固定的，增大了形状因子，相当于孔隙形状越规则，横截面积减小，电阻率增大，地层因素增大。

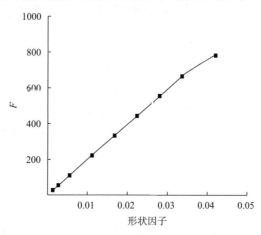

图 5-30   不同形状因子与地层因素的关系曲线

图 5-31 是在不同形状因子下，不同含水饱和度与电阻增大系数的关系图。从该图可以看出，随着形状因子的增大，在相同含水饱和度下电阻增大系数增大，尤其当含水饱和度比较低时更为明显，在高含水饱和度下影响相对较弱。这说明随着孔隙形状组合的不同，分布在孔隙中的流体状态也发生变化，导致不同含水饱和度下电阻率系数发生变化。孔隙越不规则，孔隙带有的粗糙角隅越多，

滞留在孔隙中的水越多，尤其在低含水饱和度下，这有利于为电流提供传导路径，从而可以减小岩石电阻率，相对的电阻率系数也越小。在含水饱和度高的情况下，由于孔隙大部分被水充填，这种角隅水导电的作用不明显。

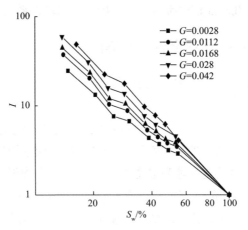

图 5 – 31　不同形状因子下 I-S_w 曲线

第五节　裂缝性储层岩石电性特征

　　储层岩石的电性特征在储层测井解释、油藏评价和剩余油评价等方面具有重要意义。在 2002 年，中国石油新增探明储量中以变质岩和碳酸盐岩为储层、以裂缝和溶洞为储集空间的复杂油气藏贡献率高达 16.7%，突出了裂缝性储层在石油工业中的地位与日剧增。在过去的几年中，常规均质性储层的电性研究已经有了比较完善的理论基础，在指导常规油气藏勘探开发过程中起到了重要的作用，然而对裂缝性储层的电性研究理论基础还不完善。裂缝既是重要的油气储集空间，又是重要的流体渗流通道，由于裂缝的存在使储层具有较强的非均质性和各向异性特征。在裂缝性储层中，裂缝会影响储层岩石孔隙结构和储层流体的分布，因此对裂缝性储层的电性特征具有重要影响。由于裂缝发育性储层取心困难，而人造裂缝性岩心中裂缝的参数难以确定，并且岩石物理实验处理流程会对岩心裂缝造成破坏，因此很难通过岩石物理实验研究裂缝对岩石物理属性的影响。单一裂缝是构成岩石裂缝网络的基本元素，因此单裂缝孔隙介质的导电特征是研究裂缝性储层电性特征的基础。数字岩心技术具有独特的建模优势和数值模拟优势，为了弄清岩石裂缝储层岩石电性的影响规律，本节基于构建了单裂缝三维数字岩心，利用有限元的方法研究了裂缝参数对裂缝性岩心电性的影响规律。

一、裂缝宽度对电性的影响

裂缝对储层岩石的孔隙结构有重要影响，进而控制着流体在岩石储集空间中的分布状态。为了研究裂缝对储层岩石电性特性的影响，利用过程模拟算法构建了只含基质孔隙的各向同性数字岩心［图5-32（a）］，然后采用分数布朗运动模型构建具有自仿射分形特征的粗糙裂缝［图5-32（b）］，将只含基质孔隙的岩心与裂缝叠加构建裂缝性数字岩心［图5-32（c）］。

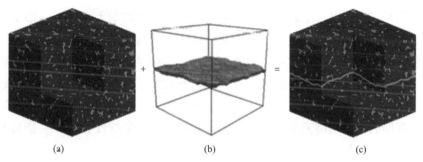

(a) + (b) = (c)

图5-32 裂缝性数字岩心构建方法示意图

图5-33是构建的不同缝宽的数字岩心，缝宽分别为2、4、6、8、10、12个像素。岩心的基质孔隙度为10%，岩心尺寸为200×200×200像素点，分辨率

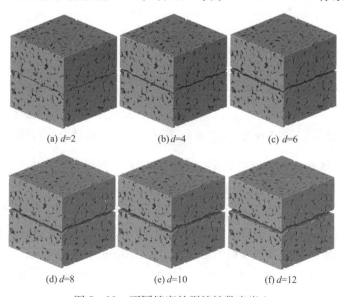

(a) $d=2$ (b) $d=4$ (c) $d=6$

(d) $d=8$ (e) $d=10$ (f) $d=12$

图5-33 不同缝宽的裂缝性数字岩心

为 5μm/像素，因此裂缝宽度分别为 10μm、20μm、30μm、40μm、50μm、60μm。在数字岩心的基础上利用有限元方法研究了地层因素与裂缝性岩心总孔隙度之间的关系，其中电流流动方向平行于裂缝所在平面，数字岩心储集空间100％含有地层水，骨架电导率设为 $\sigma_m = 0$，水的电导率设为 $\sigma_w = 1$，具体计算结果如图 5 - 34 所示。从图中可以看出，裂缝性岩心的地层因素与总孔隙度之间仍为线性关系，随着裂缝性岩心总孔隙度的增大，岩石地层因素逐渐减小，胶结指数 "m" 可以通过式（5 - 26）计算：

$$m = -\frac{\lg F}{\lg \phi} \qquad (5 - 26)$$

从图 5 - 35 可以看出胶结指数 "m" 随总孔隙度的增大而减小，由于岩心总孔隙度的变化仅仅是裂缝孔隙度的变化造成的，而与基质孔隙度无关，因此反映了裂缝孔隙度对胶结指数 "m" 的影响规律，即胶结指数 "m" 随裂缝孔隙度的增大而减小。这主要是因为裂缝的存在给岩石增加了一条附加导电路径，相当于岩石基质孔隙流体导电与裂缝中流体导电并联的结果，与只含基质孔隙的岩心相比电阻率偏低，地层因素偏小，因此相同孔隙度下，裂缝性岩心胶结指数与只含基质孔隙的岩心相比偏小。

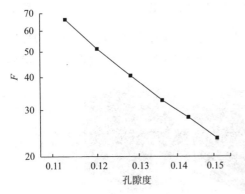 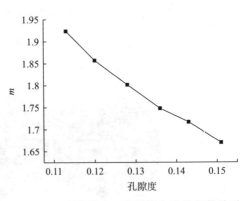

图 5 - 34　裂缝性岩心孔隙度与地层因素关系　　图 5 - 35　裂缝性岩心孔隙度与胶结指数关系

在图 5 - 33 构建的裂缝性数字岩心的基础上，利用有限元方法研究了裂缝性地层含水饱和度与电阻增大系数之间的关系，电流流动方向平行于裂缝所在平面，数字岩心储集空间部分水饱和，骨架电导率设为 $\sigma_m = 0$，水的电导率设为 $\sigma_w = 1$，油的电导率设为 $\sigma_o = 0$。具体计算结果如图 5 - 36 所示，其中 d 代表裂缝的宽度，单位为 μm，施加的裂缝宽度以 10μm 为步长从 0μm 增加到 60μm，$d = 0$μm 表示数字岩心只含有基质孔隙，不含裂缝。从图中可以看出当裂缝宽度较窄时，裂缝对电阻增大系数没有显著影响，这是因为裂缝较窄，裂缝宽度和孔隙喉道尺寸相

当，在同一个尺度量级上（相当于单
孔隙系统），因此在油驱水的过程中，
油几乎同时进入裂缝系统和基质孔隙
系统。当裂缝宽度较宽时（裂缝孔隙
与基质孔隙构成双孔隙系统），在双对
数坐标下电阻增大系数与含水饱和度
之间呈非线性关系。RI-S_w 曲线可以分
为具有不同斜率（饱和度指数）的两
段直线，含水饱和度较高时，线段斜
率较大，该段主要反映了裂缝对岩石

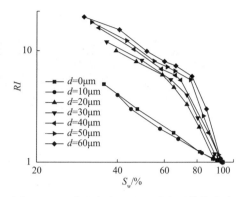

图 5-36　裂缝宽度对电阻增大系数的影响

电性的影响；含水饱和度低时，线段斜率较小，该段主要反映了基质孔隙对岩石
电性的影响。这是因为在水湿条件下，油驱水过程中毛管压力充当阻力，裂缝较
宽时，毛管阻力小于基质孔隙的毛管阻力，因此油首先进入裂缝，随后进入的是
孔隙空间。模拟结果与文献中的实验结果具有一致的变化趋势。

二、裂缝角度对电性的影响

不同角度的裂缝会使岩石横向和纵向电阻率产生差异，从而导致岩石电性的
各向异性。为了研究裂缝角度对岩石电阻率的影响，采用第三章所述方法构造了
含有不同角度裂缝的三维数字岩心。三维数字岩心的尺寸为 $200 \times 200 \times 200$ 像
素，分辨率为 $5\mu m$/像素。构建的不同角度的裂缝性数字岩心如图 5-37 所示，
其图 5-37（a）给出了计算过程中采用的坐标系，初始裂缝近似平行于 xy 平面
[图 5-37（b）]，图 5-37（c）至图 5-37（h）是裂缝依次绕直线（x，100，
100）旋转角度 15°、30°、45°、60°、75°、90°形成的裂缝性数字岩心（裂缝贯
穿岩心）。在每种裂缝角度下裂缝宽度为 4 个像素，在裂缝旋转过程中，由于裂
缝贯穿整个数字岩心，因此，孔隙度随裂缝角度变化，当裂缝角度为 45°时，孔
隙度达到最大值。

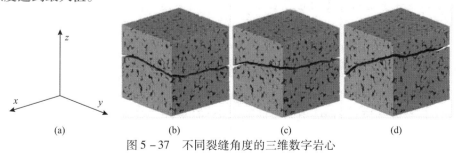

     （a）   （b）   （c）   （d）

图 5-37　不同裂缝角度的三维数字岩心

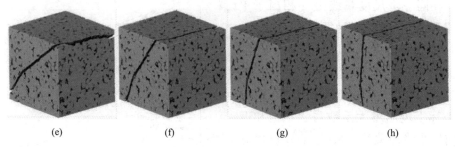

图 5 - 37   不同裂缝角度的三维数字岩心（续）

基于构建的不同裂缝角度的数字岩心，利用有限元方法研究了岩心电阻率随裂缝角度的变化，如图 5 - 38 所示。从图中可以看出，在裂缝从 0° 变化到 90° 的过程中，x、y、z 3 个方向的电阻率具有如下变化特征：

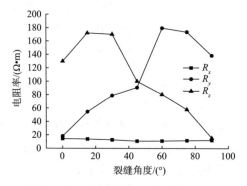

图 5 - 38   裂缝角度与地层因素关系图

（1）x 方向电阻率：由于裂缝始终贯穿 x 轴方向上的两个表面，所以裂缝角度对 x 轴方向上的电阻率几乎没有影响，x 方向电阻率的微弱变化，是由裂缝角度变化引起的孔隙度变化造成的。

（2）y 方向电阻率：y 方向电阻率先增大后逐渐减小，在 45° 附近时，整体增速变缓，这是因为裂缝角度变化引起电阻率增大，但裂缝孔隙度变大引起电阻率减小，变化率是两者叠加的结果。

（3）z 方向电阻率：变化趋势与 y 方向电阻率恰好相反。

（4）在裂缝与 y 轴夹角为 0° 时，x 和 y 方向的电阻率几乎相等，这是因为裂缝平行于 xy 平面并且贯穿数字岩心，因此不具有各向异性，在裂缝与 y 轴夹角为 90° 时，x 和 z 方向的电阻率几乎相等，此时裂缝平行于 xz 平面。

（5）裂缝 y 和 z 方向的电阻率曲线以 45° 时垂直于横轴的直线轴对称。

三、裂缝对电阻率各向异性的影响

裂缝的发育造成了储层的非均质性，上一小节研究了裂缝宽度对阿尔奇公式中胶结指数、饱和度指数的影响以及裂缝角度对电阻率的影响，本小节研究裂缝宽度和裂缝角度对储层电性各向异性的影响，电性各向异性通过纵向和横向的电阻率表示，规定当电流平行于裂缝平面流动时，测量的电阻率为水平电阻率，电流垂直于裂缝平面流动时，测量的电阻率为垂直电阻率。电各向异性系数可以定义为：

$$\lambda = \frac{\rho_V}{\rho_H} \tag{5-27}$$

式中，ρ_V 是 z 方向上的电阻率，ρ_H 是 x 方向或 y 方向的电阻率。

1. 裂缝开度对电各向异性的影响

首先运用过程模拟法构建了均质性、电各向同性且只含基质孔隙的数字岩心，然后运用分数布朗运动模型构建了不同宽度的裂缝，将裂缝叠加到各向同性的基质岩心上形成裂缝性数字岩心，如图 5-33 所示。有限元方法模拟过程中，数字岩心储集空间 100% 含有地层水，骨架电导率设为 $\sigma_m = 0$，水的电导率设为 $\sigma_w = 1$。由于裂缝水平，因此在 x，y 方向上电阻率不存在各向异性，所以任选 x，y 方向电阻率之一作为水平电阻率。图 5-39 是电各向异性系数与裂缝开度关系图，从图中可以看出随着裂缝宽度的增加，电各向异性系数增大。这是因为垂向电阻率相当于裂缝与岩心串联的电阻率，横向电阻率相当于裂缝与岩心并联的电阻率。随着裂缝开度的增大，垂向电阻率基本不变，而横向电阻率逐渐减小，从而导致电各向异性系数增大。

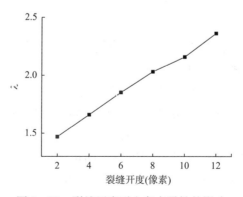

图 5-39 裂缝开度对电各向异性的影响

2. 裂缝角度对电各向异性的影响

不同角度的裂缝会使岩石横向和纵向电阻率产生差异，而且导致岩石电性的各向异性，在 x、y 方向上电阻率不再相等，分别以 x、y 方向电阻率作为水平电阻率，计算了电阻率各向异性系数 z/x 和 z/y。图 5 – 40 是电各向异性系数与裂缝角度关系图，从图中可以看出当裂缝角度从 0°逐渐变为 90°过程中，电各向异性系数 z/x 主要反映了 z 方向电阻率的变化，这是因为在角度变化过程中，x 方向电阻率基本不变，因此各向异性系数 z/x 主要反映了 z 方向电阻率的变化趋势。电各向异性系数 z/y 逐渐减小，在裂缝角度 45°时接近于 1，这是因为裂缝角度 45°时，裂缝在 y 和 z 方向上的电阻率基本相等。斜率逐渐变小，说明减小速度变慢。

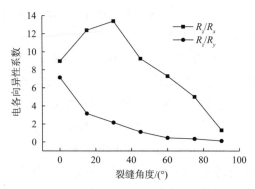

图 5 – 40　裂缝角度对电各向异性的影响

第六节　层状结构储层岩石电性特征

在测井储层评价的范畴内，薄互层的评价多年来一直被认为是一难题，其中最主要的原因是现有的国产测井仪器纵向分辨率的组合不匹配，不能有效、真实地采集到薄互层的物理量信息，降低了储层的评价能力；另外，目前常规测井方法及解释软件不能解决薄油气层的评价问题，高阻薄层受围岩的影响主要表现在地层的视电阻率降低，计算储层的真实厚度变小，含水饱和度增大，计算的储量减小。据调研和评估，薄层常常有相当数量的可采油气，全球约 30% 的油气储于砂泥岩薄互层中。研究薄互层电性问题对于薄互层测井评价具有重要意义。本节构建了根据薄互层特征，构建了层状砂岩数字岩心，研究了层状砂岩岩心的电性特征，为薄互层储层评价与流体性质识别奠定基础。

一、层状岩心电性特征

为了研究薄互层储层的电性特征，首先利用第二章所述方法构建了层状数字岩心（图5-41），随后利用Shan-Chen格子玻尔兹曼算法模拟了油水在层状岩心中的分布，图5-42（a）是 $t = 10000$ 时间步时系统演化结果，图5-42（b）是饱和度为45.6%时，油水在孔隙空间中的分布。图5-43是含水饱和度分别为72%、56%、29%时，油水在孔隙空间中的分布，其中蓝色代表骨架，绿色代表水，红色代表油。从图中可以看出在水湿条件下，油驱水的过程中油首先进入大孔隙，然后进入小孔隙，这是因为大孔隙的毛管阻力小于小孔隙毛管阻力。

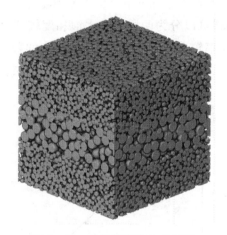

图5-41 层状数字岩心成果图

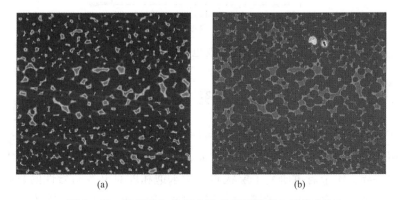

(a)   (b)

图5-42 格子玻尔兹曼方法确定层状岩心流体分布

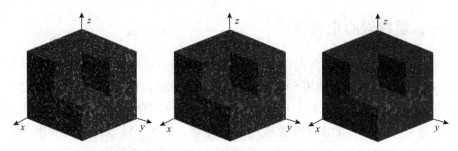

图5-43　不同含水饱和度下层状岩心流体分布

图5-44表示了水湿条件下层状岩心含水饱和度与电阻增大系数之间的关系，从图中可以看出在双对数坐标系下，含水饱和度与电阻增大系数之间是非线性关系。S_w-RI关系曲线可以分为两段，含水饱和度较高时，线段斜率较小，含水饱和度低时，线段斜率较大。这是因为受毛管阻力的影响，油首先进入大孔隙层，其后进入小孔隙层，因此斜率较小段对应着大孔隙层，斜率较大段对应着小孔隙层。

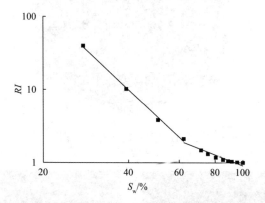

图5-44　含水饱和度与电阻增大系数之间的关系

二、层状岩心电各向异性研究

薄互层储层单层厚度薄，分布规律复杂，既可以是不同岩性的薄层叠加，也可以是相同岩性但不同孔隙大小的层叠加，因此在横向和纵向上的岩石电性特征具有很大差异，本节着重研究了层状岩心含水饱和度对电各向异性的影响，首先对层状介质电阻率各向异性系数进行了理论推导，然后基于构建的层状数字岩心，采用数值模拟的方法计算了电阻率各向异性系数。

1. 层状岩心各向异性模型

为了推导层状砂岩电性各向异性系数，我们构建了层状的砂岩导电模型，如图 5 - 45 所示，其中图 5 - 45（a）是电流垂直于砂岩薄层流动的情况，图 5 - 45（b）是电流平行于砂岩薄层流动的情况。当电流垂直于砂岩薄层流动时，中间大孔隙层和上下两层小孔隙层的电阻可以表示为：

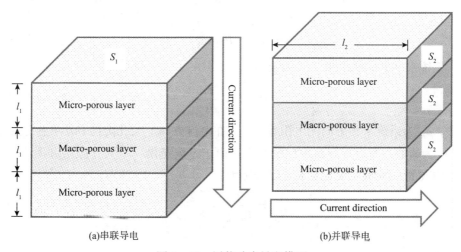

图 5 - 45　层状砂岩导电模型

$$R_{macro} = \rho_{macro} \frac{l_1}{s_1} \qquad (5 - 28)$$

$$R_{micro} = \rho_{micro} \frac{l_1}{s_1} \qquad (5 - 29)$$

系统垂向的电阻可以表示为：

$$R_v = \rho_v \frac{3l_1}{s_1} \qquad (5 - 30)$$

在上面三式中，ρ_{macro}、ρ_{micro}、ρ_v 分别为大孔隙层、小孔隙层和垂向系统的电阻率；l_1 为在电流方向上大孔隙层和小孔隙层的长度；s_1 为岩心层垂直于电流方向的截面 [图 5 - 45（a）]。由于系统是由一个大孔隙层和两个小孔隙层构成的，因此串联电阻率可以表示为：

$$R_v = R_{macro} + 2R_{micro} \qquad (5 - 31)$$

将式（5 - 28）、式（5 - 29）和式（5 - 30）代入式（5 - 31）中，式（5 - 31）可以变为：

$$\rho_v \frac{3l}{s} = \rho_{macro} \frac{l}{s} + 2\rho_{micro} \frac{l}{s} \qquad (5 - 32)$$

通过化简，可以得到：

$$\rho_v = \frac{\rho_{macro} + 2\rho_{micro}}{3} \qquad (5-33)$$

当电流平行于砂岩薄层流动时，大孔隙层和小孔隙层的电阻可以表示为：

$$R_{macro} = \rho_{macro} \frac{l_2}{s_2} \qquad (5-34)$$

$$R_{micro} = \rho_{micro} \frac{l_2}{s_2} \qquad (5-35)$$

系统水平方向的电阻可以表示为：

$$R_H = \rho_H \frac{l_2}{3s_2} \qquad (5-36)$$

式中，ρ_H 为系统水平方向的电阻率；l_2 为在电流方向上大孔隙层和小孔隙层的长度；s_2 为岩心层垂直于电流方向的截面。由于系统是由一个大孔隙层和两个小孔隙层构成的，因此并联电阻率可以表示为：

$$\frac{1}{R_H} = \frac{1}{R_{macro}} + \frac{2}{R_{micro}} \qquad (5-37)$$

通过将式（5-34）、式（5-35）和式（5-36）代入公式（5-37），并作一个简单的化简，式（5-37）可以表示为：

$$\rho_H = \frac{3\rho_{macro}\rho_{micro}}{2\rho_{macro} + \rho_{micro}} \qquad (5-38)$$

层状岩心的电性各向异性定义为：

$$\lambda = \frac{\rho_V}{\rho_H} \qquad (5-39)$$

将式（5-33）和式（5-38）代入上式可得：

$$\lambda = \frac{5}{9} + \frac{2}{9}\left(\frac{\rho_{macro}}{\rho_{micro}} + \frac{\rho_{micro}}{\rho_{macro}}\right) \qquad (5-40)$$

从上式可以看出，当且仅当 $\rho_{macro} = \rho_{micro}$ 时，上式取的最小值并且最小值为 1。

2. 层状岩心电性各向异性模拟结果

采用有限元方法和理论计算方法计算了层状岩心的电各向异性系数，数值模拟结果和理算计算结果如图 5-46 所示。从图中可以看出，数值模拟结果与理论计算结果吻合较好，层状砂岩含水饱和度与各系异性系数关系曲线可以通过拐点（B，C）分为 3 段：

（1）A-B：当层状岩心 100% 饱和地层水时，电阻率表现出各向异性特征，这是因为大孔层和小孔层电阻率之间的差异造成的（大孔隙层电阻率低于小孔隙

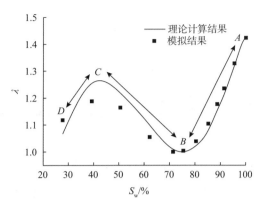

图 5-46　含水饱和度与电各向异性关系

层电阻率）。随着含水饱和度降低，油首先侵入大孔隙层，导致大孔隙层电阻率增加，当大孔隙层电阻率等于小孔隙层电阻率时，各向异性系数等于 1，这表明在该模型中含水饱和度为 75% 时，层状岩心电阻率无各向异性特征。

（2）B-C：当层状岩心含水饱和度小于 B 点并且大于 C 点时，随着含水饱和度进一步降低，大孔层的电阻率大于小孔层的电阻率，并且差异逐渐增大，因此电各向异性系数随着含水饱和度的减小逐渐增大。在本模型中，当含水饱和度为 42% 时（图 5-46 中 C 点），各向异性系数达到最大，此时大孔层的含水饱和度接近束缚水饱和度。

（3）C-D：当层状岩心的含水饱和度低于 C 点时，随着含水饱和度的进一步降低，电各向异性系数减小。这是因为含水饱和度进一步降低，油开始进入小孔隙层，大孔层与小孔层电阻率差异随着含水饱和度降低逐渐减小。

第六章 复杂储层岩石弹性数值模拟研究

岩石的声学性质在声波测井的应用具有重要指导意义。本章首先介绍了弹性力学的基本知识和有限元方法；然后采用数值模拟法构建了 TI 各向异性数字岩心，研究了裂缝性储层和薄互层储层的弹性特征，并对模拟结果进行了系统的分析，将数字岩心技术推广到了横向各向同性介质弹性研究。

第一节 弹性力学基本理论

一、各向同性介质弹性理论

对于一个各向同性的线性弹性介质，其应力和应变的关系可以通过胡克定律来表示：

$$\sigma_{ij} = \lambda\delta_{ij}\varepsilon_{\alpha\alpha} + 2\mu\varepsilon_{ij} \tag{6-1}$$

或者表示为：

$$\varepsilon_{ij} = \frac{1}{E}\left[(1+v)\sigma_{ij} - v\delta_{ij}\sigma_{\alpha\alpha}\right] \tag{6-2}$$

式中，ε_{ij} 为应变张量中的元素；σ_{ij} 为应力张量中的元素；$\varepsilon_{\alpha\alpha}$ 为体积应变；$\sigma_{\alpha\alpha}$ 为平均应力的 3 倍；δ_{ij} 为 Kronecker 函数，即当 $i\neq j$ 时 $\delta_{ij}=0$，$i=j$ 时 $\delta_{ij}=1$。

对于一个线性的各向同性弹性介质，仅仅需要两个常量就可以完全刻画应力与应变的关系。其他定义的一些弹性参数，独立的常量也仅有两个。

对于各向同性弹性介质，其体积模量 K 定义为静水压力与体应变的比值，即：

$$K = \frac{\sigma_0}{\varepsilon_{\alpha\alpha}} = \frac{1}{3}\frac{\sigma_{xx} + \sigma_{yy} + \sigma_{zz}}{(\varepsilon_{xx} + \varepsilon_{yy} + \varepsilon_{zz})} \tag{6-3}$$

剪切模量 μ 定义为剪切应力与剪切应变的比值，即：

$$\sigma_{ij} = 2\mu\varepsilon_{ij}, \ i \neq j \qquad (6-4)$$

杨氏模量 E 定义为在单轴应力状态下，张应力与张应变的比值，即：

$$\sigma_{zz} = E\varepsilon_{zz}, \ \sigma_{xx} = \sigma_{yy} = \sigma_{xy} = \sigma_{xz} = \sigma_{yz} = 0 \qquad (6-5)$$

泊松比 v 定义为在单轴应力状态下，径向应变与轴向应变比值的相反数，即：

$$v = -\frac{\varepsilon_{xx}}{\varepsilon_{zz}}, \ \sigma_{xx} = \sigma_{yy} = \sigma_{xy} = \sigma_{xz} = \sigma_{yz} = 0 \qquad (6-6)$$

弹性模量的单位为 GPa。各向同性岩石的泊松比 v、杨氏模量 E、拉梅常数 λ 与岩石的体积模量和剪切模量之间具有如下关系，

$$v = \frac{3K - 2\mu}{2(3K + \mu)} \qquad (6-7)$$

$$E = \frac{9K\mu}{K + \mu} \qquad (6-8)$$

$$\lambda = K - \frac{2}{3}\mu \qquad (6-9)$$

若已知岩石的密度，则岩石的纵波速度 V_p 和横波速度 V_s 可以通过弹性模量与岩石密度表示为：

$$V_p = \sqrt{\frac{K + 4/3\mu}{\rho}} \qquad (6-10)$$

$$V_s = \sqrt{\frac{\mu}{\rho}} \qquad (6-11)$$

上面公式都是针对与各向同性岩心推导出来了，不适应具有各向异性特征的复杂储层，下面介绍一下各向异性介质的弹性理论。

二、各向异性介质弹性理论

对于一个一般的各向异性的线性弹性介质，其应力 σ_{ij} 和应变的关系可以通过胡克定律来表示为：

$$\sigma_{ij} = c_{ijkl}\varepsilon_{kl} \qquad (6-12)$$

其中，下标 k 和 l 的重复表示自动对其求和。c_{ijkl} 为一个四阶的弹性刚度张量，它遵循张量转换定律并且拥有 81 个元素，但是并不是所有 81 个元素都是独立的。应力与应变张量的对称性表明弹性刚度张量各元素存在如下关系：

$$c_{ijkl} = c_{jikl} = c_{ijlk} = c_{jilk}$$

因此对称性将独立元素的个数缩减到了 36 个，另外，应变能量势的唯一性

需要弹性刚度张量各元素满足 $c_{ijkl} = c_{klij}$，进一步将独立元素的个数缩减到 21 个，这是任意线性弹性介质所拥有的最多独立元素个数。弹性介质的对称性会引入额外的限制条件，从而使独立元素的个数减少，例如上面提到的各向同性线性弹性介质具有最大的对称性，因此仅有两个独立常量。而具有最低对称性的三斜晶系介质需要所有 21 个独立常量来刻画。

同样，应变也可以表示为应力的线性组合：

$$\varepsilon_{ij} = s_{ijkl}\sigma_{kl}$$

式中，s_{ijkl} 为弹性柔度张量，它与对应的弹性刚度张量具有一样的对称性，弹性刚度张量与弹性柔度张量互为逆张量，并且满足如下关系：

$$c_{ijkl}s_{klmn} = I_{ijmn} = \frac{1}{2}(\delta_{im}\delta_{jn} + \delta_{in}\delta_{jm}) \qquad (6-13)$$

式中，δ_{ij} 为 Kronecker 函数，弹性刚度张量和柔度张量必须是正定的，也就是说所有弹性张量的特征值都必须为正。

三、Voigt 标记准则

在弹性力学中，通常用 Voigt 标记法简略表示应力、应变、刚度张量和柔度张量，从而使很多特征方程变得简化。在这种标记法中，应力和应变被写为具有 6 个元素的列向量，而非一个 3×3 的方阵：

$$T = \begin{bmatrix} \sigma_1 = \sigma_{11} \\ \sigma_2 = \sigma_{22} \\ \sigma_3 = \sigma_{33} \\ \sigma_4 = \sigma_{23} \\ \sigma_5 = \sigma_{13} \\ \sigma_6 = \sigma_{12} \end{bmatrix} \qquad E = \begin{bmatrix} e_1 = \varepsilon_{11} \\ e_2 = \varepsilon_{22} \\ e_3 = \varepsilon_{33} \\ e_4 = 2\varepsilon_{23} \\ e_5 = 2\varepsilon_{13} \\ e_6 = 2\varepsilon_{12} \end{bmatrix} \qquad (6-14)$$

通过 Voigt 编号准则，刚度张量和柔度张量的 4 个下标缩减到 2 个，每一对索引下标 ij (kl) 可以通过某种转换规则用一个索引下标 I (J) 来表示（表 6-1）。

表 6-1 Voigt 编号转换规则

$ij(kl)$	$I(J)$
11	1
22	2

$ij(kl)$	$I(J)$
33	3
23，32	4
13，31	5
12，21	6

通过上述转换规则可得，$c_{IJ} = c_{ijkl}$ 和 $s_{IJ} = s_{ijkl}N$，其中：

$$N = \begin{cases} 1， & 若 I 和 J = 1,2,3 \\ 2， & 若 I 或 J = 4,5,6 \\ 3， & 若 I 和 J = 4,5,6 \end{cases} \quad (6-15)$$

c_{IJ} 与 s_{IJ} 定义的不同之处是因为应变的定义中有 2 倍的系数。因此采用 Voigt 标记法表示的弹性刚度矩阵可以写为：

$$\begin{bmatrix} c_{11} & c_{12} & c_{13} & c_{11} & c_{15} & c_{16} \\ c_{12} & c_{22} & c_{23} & c_{24} & c_{25} & c_{26} \\ c_{13} & c_{23} & c_{33} & c_{34} & c_{35} & c_{36} \\ c_{14} & c_{24} & c_{34} & c_{44} & c_{45} & c_{46} \\ c_{15} & c_{25} & c_{35} & c_{45} & c_{55} & c_{56} \\ c_{16} & c_{26} & c_{36} & c_{46} & c_{56} & c_{66} \end{bmatrix}$$

类似的，采用 Voigt 标记法标识的弹性柔度矩阵可以表示为：

$$\begin{bmatrix} s_{11} & s_{12} & s_{13} & s_{11} & s_{15} & s_{16} \\ s_{12} & s_{22} & s_{23} & s_{24} & s_{25} & s_{26} \\ s_{13} & s_{23} & s_{33} & s_{34} & s_{35} & s_{36} \\ s_{14} & s_{24} & s_{34} & s_{44} & s_{45} & s_{46} \\ s_{15} & s_{25} & s_{35} & s_{45} & s_{55} & s_{56} \\ s_{16} & s_{26} & s_{36} & s_{46} & s_{56} & s_{66} \end{bmatrix}$$

采用 Voigt 标记法得到的刚度张量和柔度张量是对称的，因此具有 21 个独立常量，能够刻画具有最低对称性的三斜晶系介质的弹性特征。采用 Voigt 标记法，胡克定律可以表示为：

$$
\begin{pmatrix} \sigma_1 \\ \sigma_2 \\ \sigma_3 \\ \sigma_4 \\ \sigma_5 \\ \sigma_6 \end{pmatrix} = \begin{pmatrix} c_{11} & c_{12} & c_{13} & c_{11} & c_{15} & c_{16} \\ c_{12} & c_{22} & c_{23} & c_{24} & c_{25} & c_{26} \\ c_{13} & c_{23} & c_{33} & c_{34} & c_{35} & c_{36} \\ c_{14} & c_{24} & c_{34} & c_{44} & c_{45} & c_{46} \\ c_{15} & c_{25} & c_{35} & c_{45} & c_{55} & c_{56} \\ c_{16} & c_{26} & c_{36} & c_{46} & c_{56} & c_{66} \end{pmatrix} \begin{pmatrix} e_1 \\ e_2 \\ e_3 \\ e_4 \\ e_5 \\ e_6 \end{pmatrix} \tag{6-16}
$$

有限元的方法非常适合基于多孔岩石的微观结构预测岩石的有效电学性质。并且可以用来处理具有任何体素的微观结构。给定固体组分和流体相的电导率张量，就可以基于多孔岩石的三维

在研究岩石弹性性质过程中常用的一些与岩石对称性相关的弹性常数的非零分量可以用 Voigt 标记法表示。

1. 各向同性介质

各向同性介质具有两个独立的常量，其弹性刚度矩阵采用 Voigt 标记法可以表示为：

$$
\begin{bmatrix} c_{11} & c_{12} & c_{12} & 0 & 0 & 0 \\ c_{12} & c_{11} & c_{12} & 0 & 0 & 0 \\ c_{12} & c_{12} & c_{11} & 0 & 0 & 0 \\ 0 & 0 & 0 & c_{44} & 0 & 0 \\ 0 & 0 & 0 & 0 & c_{44} & 0 \\ 0 & 0 & 0 & 0 & 0 & c_{44} \end{bmatrix}, \quad c_{12} = c_{11} - 2c_{44}
$$

其中，矩阵中各元素 c 与拉梅常数 λ 和 μ 的关系如下：

$$
c_{11} = \lambda + 2\mu, \ c_{12} = \lambda, \ c_{44} = \mu
$$

2. 立方晶系介质

立方晶系介质具有三个独立的常量，当笛卡尔坐标平面沿着对称平面时，其弹性刚度矩阵采用 Voigt 标记法可以表示为：

$$
\begin{bmatrix} c_{11} & c_{12} & c_{12} & 0 & 0 & 0 \\ c_{12} & c_{11} & c_{12} & 0 & 0 & 0 \\ c_{12} & c_{12} & c_{11} & 0 & 0 & 0 \\ 0 & 0 & 0 & c_{44} & 0 & 0 \\ 0 & 0 & 0 & 0 & c_{44} & 0 \\ 0 & 0 & 0 & 0 & 0 & c_{44} \end{bmatrix}
$$

3. 横向各向同性介质

横向各向同性介质具有五个独立的常量，当横向各向同性介质的对称轴沿 z 轴时，其弹性刚度矩阵采用 Voigt 标记法可以表示为：

$$\begin{bmatrix} c_{11} & c_{12} & c_{13} & 0 & 0 & 0 \\ c_{12} & c_{11} & c_{13} & 0 & 0 & 0 \\ c_{13} & c_{13} & c_{33} & 0 & 0 & 0 \\ 0 & 0 & 0 & c_{44} & 0 & 0 \\ 0 & 0 & 0 & 0 & c_{44} & 0 \\ 0 & 0 & 0 & 0 & 0 & c_{66} \end{bmatrix}, \qquad c_{66} = \frac{1}{2}(c_{11} - c_{12})$$

横向各向同性介质是一种比较特殊的各向异性介质，在地层中比较常见，也叫 TI 介质。在对称轴 z 轴方向上，纵波和横波的速度可以表示为：

$$V_p = \sqrt{\frac{C_{33}}{\rho}} \qquad\qquad (6-17)$$

$$V_s = \sqrt{\frac{C_{44}}{\rho}} \qquad\qquad (6-18)$$

第二节　有限元方法计算三维数字岩心的弹性模量

一、有限元方法的实现

由于三维数字岩心储存的弹性能也符合变分原理，因此采用有限元的方法求解数字岩心弹性问题的理论与上一章介绍的求解电性的理论类似，其中单元的划分和结点编号规则均相同。在三维数字岩心中储层的弹性能同样遵循变分原理，单个像素的弹性能为，

$$En = \frac{1}{2}\int d^3 r \varepsilon_{pq} C_{pqrs} \varepsilon_{rs} \qquad\qquad (6-19)$$

其中，应变张量 ε_{pq} 和弹性刚度张量 C_{pqrs} 是全张量形式，p、q、r、s 为整数且取值范围为 1、2 或 3，积分对整个像素进行体积分。三维数字岩心总的弹性能通过对所有像素弹性能相加得到。由于应变张量是对称的，因此采用 Voigt 编号规则，应变张量 ε_{pq} 可以写为包含 6 个独立应变元素的列向量，ε_{xx}、ε_{yy}、ε_{zz}、ε_{xz}、ε_{yz}，而非 9 个元素的矩阵；弹性刚度张量 C_{pqrs} 可以写为 $C_{\alpha\beta}$，其中：

$$\varepsilon_{pp} = \frac{\partial u_p}{\partial x_p} \qquad\qquad (6-20)$$

$$\varepsilon_{pq} = \frac{\partial u_p}{\partial x_p} + \frac{\partial u_q}{\partial x_q} \qquad\qquad (6-21)$$

特定使用下标 α 和 β 来表示应变向量的 6 个分量，弹性能量方程可以写为

$$E_n = \frac{1}{2}\int d^3 r \varepsilon_\alpha C_{\alpha\beta} \varepsilon_\beta \qquad\qquad (6-22)$$

有限元方法计算三维数字岩心弹性参数的思想与前一章所述的计算数字岩心电导率思想基本一致，即将弹性能量方程化简为包含弹性位移矢量各个分量的二次函数。弹性位移矢量在像素的每一个结点处都有定义，在三维数字岩心中弹性位移矢量具有 3 个分量，用 u（m，3）表示。除了和有限元法计算电导率中类似的编号 m 和 ib，有限元计算弹性参数中的所有变量都因为要考虑向量的笛卡尔分量而有一个额外的编号。

在计算三维数字岩心有效弹性参数计算的有限元方程中，包含的主要参数有：

u_{mp}：编号为 m 的结点上位移的第 p 个分量；

$C_{\alpha\beta}$：每一像素点上的弹性刚度张量；

$\vec{E} = (E_{xx}, E_{yy}, E_{zz}, E_{xz}, E_{yz}, E_{xy})$：施加在三维数字岩心上的整体应变；

$\vec{\varepsilon} = (\varepsilon_{xx}, \varepsilon_{yy}, \varepsilon_{zz}, \varepsilon_{xz}, \varepsilon_{yz}, \varepsilon_{xy})$：每一像素点上的局部应变；

$D_{rp,sq}$：每一个像素点上的劲度矩阵；

$N_{p,rq}$：立方体像素的形状矩阵。

与有限元法计算三维数字岩心电性参数类似，在有限元法计算弹性参数过程中，单元内各点的位移是通过单元内结点位移量插值求取的，像素点内（x，y，z）处的位移 $\vec{u}$（x，y，z）有 3 个位移分量，第 p 个位移分量可以通过该像素点结点位移的线性插值求得：

$$u_p(x,y,z) = N_{p,rq}(x,y,z)u_{rq} \qquad\qquad (6-23)$$

式中，$N_{1,r1} = N_{2,r2} = N_{3,r3} = N_r$，$N_{1,r2} = N_{1,r3} = N_{2,r1} = N_{2,r3} = N_{3,r1} = N_{3,r2} = 0$；$u_{rq}$ 为该像素点的第 r 个结点位移矢量的第 q 个分量，r 的取值为从 1 到 8；$N_{p,rq}$ 是一个 $3 \times (8,3)$ 的矩阵，为了利用矩阵 N 构建应变向量的 6 个分量，需要乘以一个 6×3 的微分矩阵 $L_{\alpha p}$。因此应变向量的元素可以表示为：

$$\varepsilon_\alpha(x,y,z) = [L_{\alpha p}N_{p,rq}(x,y,z)]u_{rq} \qquad\qquad (6-24)$$

令 $S_{\alpha,rq}(x,y,z) = [L_{\alpha p}N_{p,rq}(x,y,z)]u_{rq}$，上式可以变为：

$$\varepsilon_\alpha(x,y,z) = S_{\alpha,rq}(x,y,z)u_{rq} \qquad (6-25)$$

假如对式（6-25）在一个像素上直接进行积分，得到的是一个像素点上的平均应变，如果对式（6-25）首先乘以弹性刚度张量 $C_{\alpha\beta}$，然后再一个像素点上进行积分，得到的是这个像素点上的平均应力。当计算出三维数字岩心中每个结点的弹性位移分量之后，就可以计算出整个三维数字岩心的平均应力和平均应变。将式（6-25）代入能量式（6-22）中，可以得到：

$$E_n = \frac{1}{2}\int d^3r\,(S_{\alpha,rp}u_{rp})^T C_{\alpha\beta}(S_{\beta,sq}u_{sq}) \qquad (6-26)$$

在整个像素点上，对与 (x,y,z) 有关的变量进行积分，可得：

$$E_n = \frac{1}{2}u_{rp}{}^T D_{rp,sq}u_{sq} \qquad (6-27)$$

式中，$D_{rp,sq} = \int d^3r\,(S_{\alpha,rq})^T C_{\alpha\beta}(S_{\beta,sq})$，为有限元方程的劲度矩阵，它和弹性格子模型中的动态矩阵类似，在理论物理中，各个结点的位移通过不同的应力相互关联。同计算电性类似，利用辛普森法则可以比较容易计算出每一个像素点上的劲度矩阵。

二、TI 各向异性介质的有限元方法

利用有限元方法计算各向同性岩石弹性参数的基本原理已经在前面进行了，通过给三维数字岩心沿主应力和切应力方向分别施加宏观应变，使系统的弹性自由能 En 最小，来确定每个像素点上的最终弹性位移分布，从而可求得各向同性岩石的剪切模量和体积模量。但是对于 TI 各向异性介质，它的刚度矩阵具有五个独立的常数，利用一次有限元方法模拟不能求取所有五个弹性常数，为了研究 TI 介质的弹性性质，我们利用弹性方程 $\sigma = C\varepsilon$ 的线性关系，借助 6 个正交应变基矢量 ε_i^α，其中 $i=1,2,\cdots,6$，是 Voigt 编号，α 是基矢的个数，选取的 6 个基矢量如下：

$$\begin{aligned}
\varepsilon^1 &= (1,0,0,0,0,0)\\
\varepsilon^2 &= (0,1,0,0,0,0)\\
\varepsilon^3 &= (0,0,1,0,0,0)\\
\varepsilon^4 &= (0,0,0,1,0,0)\\
\varepsilon^5 &= (0,0,0,0,1,0)\\
\varepsilon^6 &= (0,0,0,0,0,1)
\end{aligned} \qquad (6-28)$$

通过这 6 个正交基矢量可以构建任意方向的施加在三维数字岩心上的宏观应

变，因此应用这 6 个正交基矢量足以求出刚度矩阵的 36 个分量。通过选择应变基矢量，用有限元方法每次模拟可以得到一个包含 6 个宏观应力的解向量，即刚度矩阵 C_{IJ} 的一列。因此只要选取不同基矢量分别独立执行 6 次有限元模拟便可以得到刚度矩阵的所有 36 个分量。由于 TI 各向异性岩石只包含五个独立常数，所以只需要执行两次有限元模拟，便可以求得所有参数。在图 6 - 1 是在不同受力状态下采用的六个应变基矢量的示意图，其中图 6 - 1（a）~图 6 - 1（c）为轴向应变，图 6 - 1（d）~图 6 - 1（f）为切向应变。

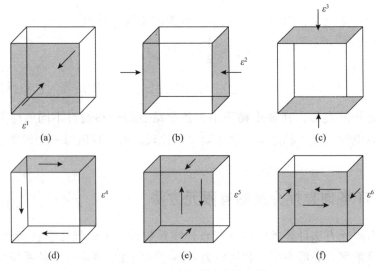

图 6 - 1　6 个宏观应变基矢量

第三节　气层岩石声学特性模拟算法验证

在过去由于缺少表征岩石全面结构的资料，岩石物理模型主要局限于经验公式、上下边界理论、自洽和差分有效介质理论，这些都不是完全令人满意的。经验公式是通过统计回归某地区的实验数据得到的，使用起来方便快捷，但由于没有考虑岩石的微观结构，不能用这些公式很好的预测储层参数，严格讲经验公式只适用于某一特定地区的岩石，通用性差。边界理论的优点是考虑了材料的微观结构信息，可用于具有任意复杂结构的材料，如果复合材料的各种成分的弹性模量相差较小时，可以应用边界模型估算复合材料的弹性模量。对于多孔沉积岩石，由于孔隙流体和岩石基质弹性模量相差较大，由边界模型计算得到的弹性模型上下边界距离较远，应用效果较差。自洽和差分有效介质理论是比较有意义并且已被证实计算岩石模量比较可行的方法，但在计算岩石弹性模量时，把岩石孔隙空间近似为特定的形状（球型、椭球型等），这与实际岩石是有一定的差别的。随着计算机技术的发展，可以根据岩石微观结构信息重建反应岩石真实孔隙空间的三维数字岩心，基于三维数字岩心来直接求解线性弹性方程，从而得到岩石的弹性参数。主要基于三维数字岩心利用有限元的方法对岩石弹性特性进行了研究，上一节已详细介绍了有限元方法理论及在三维数字岩心中的具体实现，因此本小节主要基于三维数字岩心利用有限元的方法计算了干岩石、完全饱和岩石、部分饱和岩石的弹性模量及岩石的纵横波速度并把数值模拟结果与自洽理论、差分有限介质理论及实验结果分别进行了比较，从而验证了数值模拟算法的可行性。

一、基本的理论模型

1. 自洽近似方法

把岩石看作是由不同形状的孔隙、各种矿物成分及孔隙流体组成的复合介质，各组分的百分含量可任意设定，所有组分百分含量的总和为 1，矿物颗粒形状及孔隙形状是可变的。Berryman 根据长波长的一次散射理论，即弹性波波长远大于组成复合介质矿物颗粒和孔隙尺寸，此时可忽略高次散射，推导出了复合介质的自洽理论（Self-Consistent Approximation，SCA），如下式所示，

$$\sum_{i=1}^{N} C_i (K_i - K^*) P_i = 0 \qquad (6-29)$$

$$\sum_{i=1}^{N} C_i (\mu_i - \mu^*) Q_i = 0 \qquad (6-30)$$

式中，i 代表第 i 种组分，C_i 为第 i 种组分的含量，K^* 和 μ^* 分别是有效介质的体积模量和剪切模量。P_i 和 Q_i 是与矿物颗粒和孔隙形状有关的参数。Berryman 给出了球状、针状、碟状和椭球状四种形状的 P_i 和 Q_i 表达式。采用球状孔隙，对于球状孔隙，其表达式如下，

$$P_i = \frac{K^* + 4\mu^*/3}{K_i + 4\mu^*/3}, \ Q_i = \frac{\mu^* + F^*}{\mu_i + F^*}, \ F^* = \frac{\mu^*(9K^* + 8\mu^*)}{6(K^* + 2\mu^*)} \qquad (6-31)$$

以上关于 K^* 与 μ^* 的方程是耦合的，必须通过迭代方法求解。

2. 差分有效介质理论

Cleary（1980），Norris（1985），Zimmerman（1991）建立了双相介质的差分有效介质模型（Differential Effective Medium，DEM）。通过逐渐用很小的内含物

的含量代替基质中相应的基质含量来计算所形成复合介质的弹性模量。Berryman (1992)[196]建立了关于体积模量和剪切模量的耦合的微分方程:

$$(1 - y) \frac{dK^*(y)}{dy} = (K_2 - K^*) P^*(y) \qquad (6-32)$$

$$(1 - y) \frac{d\mu^*(y)}{dy} = (\mu_2 - \mu^*) Q^*(y) \qquad (6-33)$$

初始条件为 $K^*(0) = K_1$、$\mu^*(0) = \mu_1$。其中,K_1、μ_1 分别为初始基质 (1 相) 的体积模量和剪切模量;K_2、μ_2 分别为初始基质 (2 相) 的体积模量和剪切模量;y 为 2 相的体积含量。P 和 Q 为形状因子,其求取方法和式 (6-29) 和式 (6-30) 中一样。对于流体内含物,$y = \varphi$,φ 是孔隙度。干岩石的体积模量可以通过把 K_2 和 μ_2 设置为 0 来求取.

3. 流体替换:Gassmann 理论

Gassmann 理论是研究流体饱和在多孔隙岩石中对地震速度影响最常用到的理论。该理论把饱和流体孔隙岩石的弹性模量与干岩石骨架的弹性模量、固体颗粒弹性模量和孔隙流体的弹性模量联系起来。流体饱和岩石的体积模量 K 可由下式给出:

$$K = K_d + \xi^2 M \qquad (6-34)$$

式中,$M = \left[\frac{\xi - \varphi}{K_0} + \frac{\varphi}{K_f} \right]^{-1}$,$M$ 常被称为孔隙空间模量;$\xi = 1 - \frac{K_d}{K_0}$,$\xi$ 为 Biot-Willis 有效应力系数;φ 为孔隙度,K_0、K_d 和 K_f 分别是固体颗粒的体积模量、干岩石骨架的体积模量和孔隙流体的体积模量。因为剪切模量不受孔隙流体的影响,所以:

$$\mu = \mu_d \qquad (6-35)$$

如果孔隙空间被 n 种流体的混合物所填充,则混合流体的体积模量可以有 Wood 方程 (Wood, 1995) 给出:

$$\frac{1}{K_f} = \sum_{i=1}^{n} \frac{x_i}{K_i} \qquad (6-36)$$

式中,x_i 和 K_i 分别是第 i 种流体相的体积含量和体积模量。对于两种复合流体,气和水,式 (6-36) 可以写为:

$$\frac{1}{K_f} = \frac{S_w}{K_w} + \frac{1 - S_w}{K_{gas}} \qquad (6-37)$$

式中,S_w 是含水饱和度,K_w 和 K_{gas} 分别是水和气的体积模量。把式 (6-37) 的流体模量 K_f 代入式 (6-34) 便可以得到计算部分饱和流体岩石体积模量的 Gassmann-Wood（GW）方程：

$$K_{GW} = K_d + \xi^2 \left[\frac{\xi - \varphi}{K_0} + \frac{\varphi S_w}{K_w} + \frac{\varphi(1 - S_w)}{K_{gas}} \right]^{-1} \qquad (6-38)$$

二、数值模拟结果与理论、实验结果比较分析

数值模拟中，岩石骨架和孔隙流体的弹性参数取值见表6-2。地层条件为温度200℃，压力40MPa，这与Han（1986）实验条件是吻合的。对于部分饱和岩石，利用LBM方法确定不同含水饱和度下三维数字岩心中孔隙流体的分布，这里以水湿储层为例。图6-2是孔隙度为13%的枫丹白露砂岩（水湿储层）在不同含水饱和度下流体分布图，其中蓝色代表岩石骨架，红色代表气，绿色代表水。

表6-2　岩石的弹性参数

弹性参数	体积模量/GPa	剪切模量/GPa	密度/(g/cm³)
岩石骨架（石英）	36.6	45.0	2.65
地层水	2.2	0	1.0
油	1.02	0	0.86
天然气	0.2	0	0.32

注：温度为200℃，压力为40MPa。

(a)S_w=19%　　　(b)S_w=65%　　　(c)S_w=85%

图6-2　不同含水饱和度下的流体分布（水湿储层）

分别用自洽理论（SCA）和差分有效介质（DEM）理论以及有限元的方法计算了干岩石的、饱水岩石的体积模量和剪切模量，在图6-3中分别把两种理论计算的干岩石的、饱水岩石的弹性模量和数值模拟结果以及实验结果作了比较。

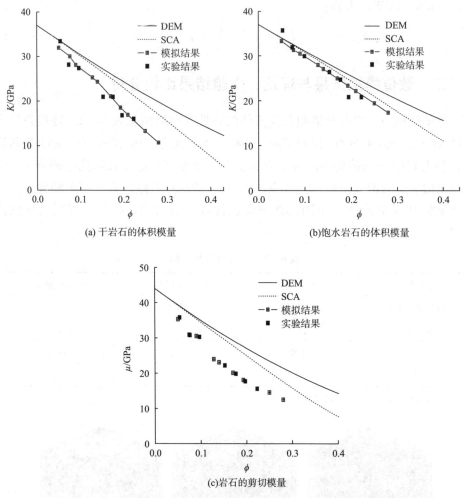

(a) 干岩石的体积模量

(b) 饱水岩石的体积模量

(c) 岩石的剪切模量

图 6-3 不同方法计算的弹性模量与孔隙度的关系与实验结果的对比

在图 6-3 中，通过比较可以发现，没有一个理论计算结果能和实验结果吻合，相反，数值模拟结果与实验数据（Han，1986）基本符合，虽然 Han 的实验数据是利用超声波实验测量的，但他发现频散是非常小的（Biot 频散约为 1%，非 Biot 频散对于干净的砂岩可以忽略不计），在数值模拟中采用的岩样均为比较干净的砂岩，频率对此影响很小，基本可以忽略，因此可以把数值模拟得到的低频结果与实验结果进行对比。和差分有效介质理论相比，自洽理论的计算结果更接近实验数据，这与 Berge（1993）得出的自洽理论比差分有效介质理论更适合预测颗粒介质的弹性模量这一结论也是相符的。然而，数值模拟比自洽理论更具有优越性。这是因为自洽理论和差分有效介质理论在计算岩石弹性模量时，把岩石孔隙空间近似为球型或椭球型，这与实际岩石是有一定的差别的，利用X射线CT所获取三维数字岩心的孔隙空间反应了真实岩石的孔隙结构。从图6-3还可以看出无论是干岩石还是饱水岩石，弹性模量都随孔隙度的增加而减小，这是因为孔隙度的增加导致岩石的可压缩性增大。

在三维数字岩心的基础上，首先用有限元的方法分别计算了干岩石和饱和流体岩石的弹性模量，然后将干岩石的弹性模量代入Gassmann方程，计算饱和流体的弹性模量。在图6-4中，把数值模拟的流体替换与弹性模量的关系与Gassmann理论作了比较。从图6-4（a）中，可以得到，用有限元模拟的饱和流体岩石的体积模量和Gassmann理论计算的饱和流体岩石的体积模量是相符合的。在图6-4（a）中还可以得到，在不同流体饱和条件下，岩石的体积模量都随孔隙度的增加而减小，饱水岩石的体积模量要高于饱油岩石的体积模量，饱油岩石的体积模量高于饱气岩石的体积模量。用有限元模拟的岩石剪切模量的结果如图6-4（b）所示，从图中可以看出，岩石的剪切模量与孔隙流体的性质无关，干岩石的剪切模量与饱水、饱油岩石的剪切模量是相同的。这一现象也与Gassmann理论是相符的。

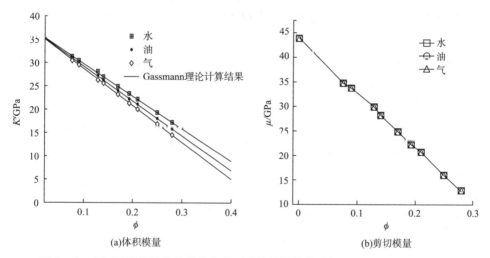

图6-4　有限元模拟的流体替换和岩石弹性模量的关系与Gassmann理论的比较

在不同含水饱和度条件下，孔隙空间的流体分布不同，岩石的弹性模量会受到流体分布的影响。首先利用LBM方法模拟了不同含水饱和度下孔隙空间的气水分布，然后利用有限元方法计算三维数字岩心的体积模量和剪切模量，研究了含水饱和度和弹性模量的关系并和GW理论进行了比较，具体计算结果如图6-5所示。

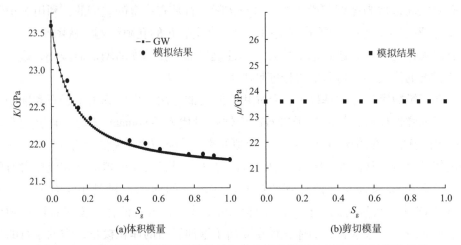

图 6 - 5　有限元模拟的岩石弹性模量与饱和度的关系与 GW 理论计算的比较

从图 6 - 5（a）可以看出，在整个个孔隙度范围内，有限元的数值模拟结果与 GW 理论计算结果是相吻合的，这说明，基于三维数字岩心的有限元模拟不仅可用于计算干岩石、饱和岩石的体积模量，还可以计算部分饱和岩石的体积模量。从图 6 - 5（b）可以得到随含水饱和度的增加，剪切模量不变，这与 GW 理论也是相符的，这也验证了数值模拟方法的准确性。

分别用 Gassmann 理论和有限元方法计算了不同孔隙度下饱水砂岩的纵横波速度，并把计算结果与实验（Han，1986）进行了比较，如图 6 - 6 所示。基于

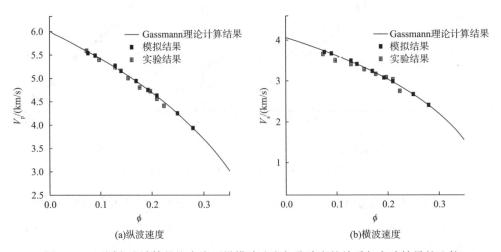

图 6 - 6　不同方法计算的饱水岩石纵横波速度与孔隙度的关系与实验结果的比较

三维数字岩心的有限元模拟的结果和 Gassmann 理论计算结果是一致的，与实验

测量结果也基本是吻合的。这说明，用数值模拟方法预测的纵横波速度也是可靠的。从图中还可以发现，纵横波速度都随孔隙度的增加而减小。这一趋势与实验也是相符合的。

综上所述，基于三维数字岩心利用有限元方法计算干岩石、单相流体饱和岩石及两相流体饱和岩石的弹性模量是可行的。

第四节　微观因素对气层岩石声学特性的影响

储层岩石是由固体颗粒、胶结物和颗粒间的孔隙构成的。岩石孔隙可以是颗粒堆积的粒间孔隙，可以是胶结作用后的剩余孔隙，也可以是各种后生改造（溶蚀等）作用形成的结果。岩石的弹性性质主要受岩石的矿物组分、孔隙结构、孔隙流体性质以及岩石形成前后所处环境的影响。岩石颗粒的大小、分选性、压实、胶结作用等均会对岩石的微观孔隙结构产生影响，从而引起岩石声学特性的变化。孔隙流体的性质主要包括流体类型、流体饱和度、流体密度、比重、黏度、矿化度、相态等，实验和理论研究均表明孔隙流体性质的变化也会对岩石声学特性产生影响。为了弄清岩石骨架、孔隙结构以及流体性质对气层岩石声学参数的影响规律，本节基于三维数字岩心，利用有限元的方法研究了以上分析的微观影响因素对气层岩石声学特性的影响规律，并基于三维数字岩心首次提出了三种数字成岩模型。

一、颗粒尺寸对气层岩石弹性性质的影响

岩石的粒径控制着孔隙的大小、形状以及连接孔隙之间的喉道的大小和形状，因此岩石粒径对岩石物理特性有重要影响。为了研究岩石粒径对气层岩石声学特性的影响，利用过程模拟算法分别构建了不同粒径尺寸比和不同粒径尺寸的三维数字岩心。

选具有不同直径的两类球（如 $d_1 = 100\mu m$，$d_2 = 120\mu m$），根据其所占的百分含量通过沉积、压实、成岩模拟构建三维数字岩心，其中在成岩模拟中选用石英的次生加大胶结。图 6 – 7 是利用过程法构建的不同颗粒尺寸比的三维数字岩心，粒径比分别为 $d_1 : d_2 = 1 : 1.2$，$d_1 : d_2 = 1 : 1.5$，$d_1 : d_2 = 1 : 2$，$d_1 : d_2 = 1 : 3$，两类球百分含量分别为 50%，矿物成分都是石英，压实系数 $\lambda = 0.26$（相当于压实压力 25MPa），图像中的蓝色表示岩石骨架、红色表示岩石孔隙。基于

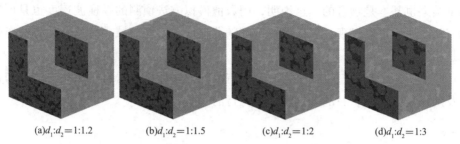

(a)$d_1:d_2$＝1:1.2　　　(b)$d_1:d_2$＝1:1.5　　　(c)$d_1:d_2$＝1:2　　　(d)$d_1:d_2$＝1:3

图6－7　过程法建立的不同粒径比的三维数字岩心

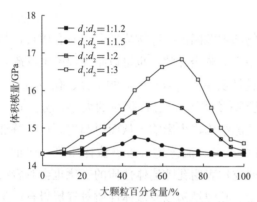

图6－8　大颗粒百分含量对岩石体积模量的影响

三维数字岩心利用有限元的方法计算岩石的体积模量，具体计算结果如图6－8所示。从图上可以看出在相同压力作用下，颗粒尺寸比对岩石弹性的影响是非线性的，随着大颗粒含量的增大，岩石体积模量先增大至最大值，然后再减小至趋于不变，并且随着颗粒尺寸比的变大，大颗粒的含量对岩石弹性模量影响增强。这主要是因为随着颗粒尺寸比的变大，颗粒直径相差变大，随着大颗粒含量的增大，小颗粒逐渐变成孔隙空间的填充物致使岩石孔隙度变低，引起岩石体积模量变大。

为了研究粒径大小对气层岩石弹性模量和流体替换的影响，利用过程模拟法分别建立了不同粒径的三维数字岩心，其中粒径大小分别为 $d=100\mu m$、$d=200\mu m$、$d=250\mu m$、$d=300\mu m$，孔隙度包括10%、15%、20%、25%、30%、35%。图6－9为孔隙度为15%的四种粒径的三维数字岩心，其中蓝色表示岩石

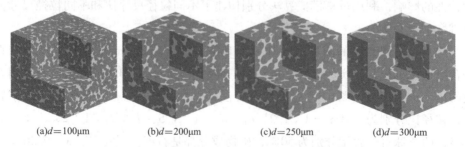

(a)d＝100μm　　　(b)d＝200μm　　　(c)d＝250μm　　　(d)d＝300μm

图6－9　过程法建立的不同粒径的三维数字岩心

骨架,红色表示岩石孔隙空间。三维图像显示表明:在相同孔隙度下,随着粒径的减小,岩石孔隙尺寸变小。

利用有限元的方法计算了具有不同粒径、不同孔隙度三维数字岩心的弹性模量,具体数值模拟结果见图6-10。从图上可以看出对于相同的孔隙度,干岩石的体积模量和剪切模量及饱水岩石的体积模量都随粒径的增大而增大,因此随着粒径的增加,岩石的可压缩性降低。当孔隙度为5%~30%时,岩石弹性模量和粒径关系基本是线性关系,随着孔隙度的增大,岩石体积模量和剪切模量均减小。通过对比图6-10(a)和图6-10(b)发现,相同孔隙度下,粒径对饱水岩石体积模量的影响弱于干岩石,这是因为流体的充填增强了岩石的刚性,削弱了岩石孔隙结构对岩石体积模量影响。

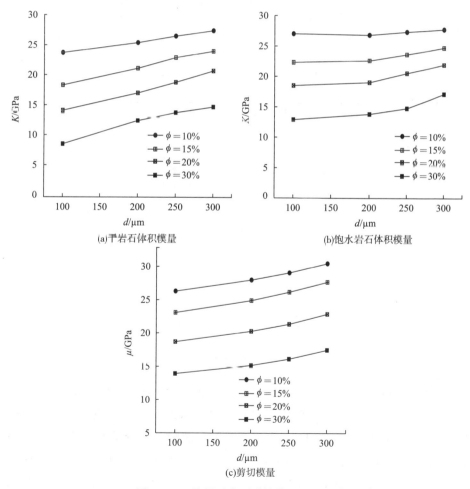

(a)干岩石体积模量　　　　　　　(b)饱水岩石体积模量

(c)剪切模量

图6-10　粒径对岩石弹性模量的影响

为了研究粒径对流体替换的影响，设地层水体积模量地层水的体积模量 $K =$ 2.2GPa，剪切模量 $\mu = 0$GPa，油的体积模量 $K = 1.02$GPa，剪切模量 $\mu = 0$GPa，气的体积模量 $K = 0.2$GPa，剪切模量 $\mu = 0$GPa。基于三维数字岩心利用有限元的方法分别计算了岩石饱和水、饱和油及饱和气条件下的弹性模量，岩石粒径分别为 $d = 100\mu m$、$d = 200\mu m$、$d = 300\mu m$，具体数值计算结果如图6 – 11 所示。从图上可以看出对于相同的孔隙度，当岩石粒径较小时，岩石饱和水、饱和油及饱

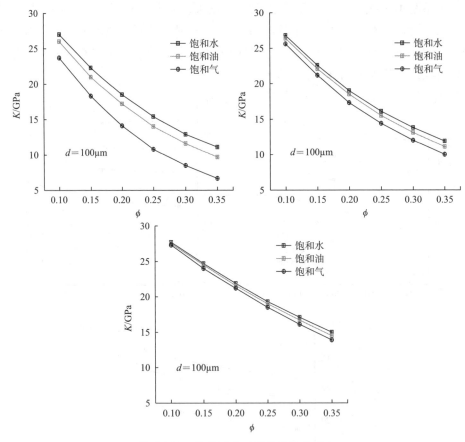

图6 – 11　粒径尺寸对流体替换的影响

和气的体积模量差别大于粒径较大时岩石饱和水、饱和油及饱和气的体积模量。这说明粒径越小即所形成的孔隙越扁平，岩石体积模量对孔隙流体的变化越敏感，这一现象与唐晓明（2011）的"含孔隙、裂隙弹性介质统一理论"所得出的结论也是相符的。这主要是因为岩石粒径越小，颗粒经过沉积、压实、成岩模拟建立的数字岩心的孔隙越扁平，岩石的可压缩性越大，因此流体对岩石弹性特

性影响比较显著。从图上还可以看出流体类型对气层岩石体积模量有着显著的影响，饱水岩石的体积模量高于饱和油的，饱和油岩石体积模量高于饱和气的。

上述模拟结果表明，在研究岩石弹性性质时，不仅要考虑岩石骨架和孔隙流体的性质对岩石弹性性质的影响，还需要考虑孔隙结构、岩石颗粒尺寸的影响。

二、颗粒分选性对气层岩石弹性性质的影响

一般来说，可以用平均、中值或众数来描述颗粒粒径，而分选性应该是颗粒粒径总体延伸的度量，如最大绝对偏差、标准差、四分位数的间距。它们都可以用来描述颗粒的分布情况。对于分选性，Krumbein（1936，1938）提出四分位数的间距，与 Trask（1932）定义的分选系数是一致的，而 Inman（1956）和 Otto（1939）提出了利用 P84 与 P16 百分点之间的差描述颗粒分选性。在上述这些方法中，其中利用中值归一化四分位数间距作为分选系数的度量比较方便，在 1968年，Sohn 与 Moreland 提出用系数变化（颗粒大小分布均值的归一化标准差）作为分选性的度量。实际上四分位数间距和系数变化这两种方法是一致的，但变化系数更好，因为归一化四分位数的间距在颗粒粒径为 1mm 附近会出现奇异值（Zimmer，2003），因此在本研究中选用变化系数作为分选指示因子 S，

$$S = \sigma/E \qquad\qquad (6-39)$$

式中，E 为颗粒粒径的平均值；σ 为颗粒粒径的标准差。分选系数 S 越小，颗粒的分选性越好，S 越大，颗粒的分选性越差。

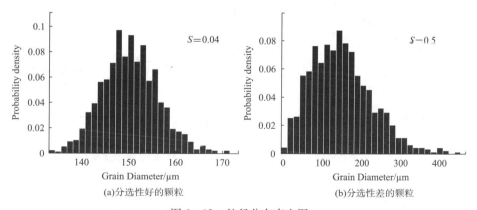

图 6 - 12　粒径分布直方图

根据分选系数的定义，产生了具有不同分选系数的粒径分布，分选系数包括 $S = 0.04$、$S = 0.1$、$S = 0.2$、$S = 0.3$、$S = 0.5$。图 6 - 13 为分选系数 $S = 0.04$ 和 $S = 0.5$ 的粒径分布直方图。结合岩石的粒径分布直方图，通过模拟石英颗粒的沉

积、压实、成岩构建了相同压力（各向同性压力10MPa）下的三维数字岩心，为了研究分选性对岩石弹性的影响，在成岩模拟中颗粒胶结生长方式是一样的，这里选用的都是石英的次生加大胶结。图6-14是利用选系数$S=0.04$和$S=0.5$的粒径分布所构建的三维数字岩心，其中深绿色代表石英颗粒，黄色表示孔隙空间，从三维图像上也可以明显看出两块岩心颗粒分选性的差别。

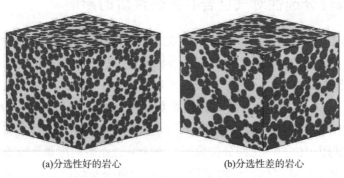

(a)分选性好的岩心   (b)分选性差的岩心

图6-13 构建的三维数字岩心

然后利用有限元的方法分别计算了不同分选性的三维数字岩心的弹性模量和弹性波速度，具体数值模拟结果如图6-14，从图上可以看出岩石的弹性模量和

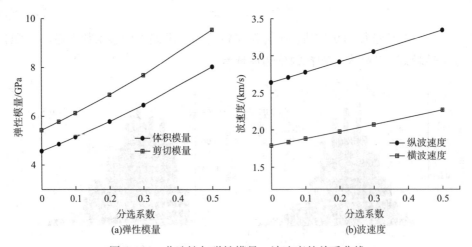

(a)弹性模量   (b)波速度

图6-14 分选性与弹性模量、波速度的关系曲线

纵横波速度都受颗粒分选性的影响，随颗粒分选性变差，岩石体积模量和剪切模量及纵横波速度变大。这主要是因为矿物颗粒的分选性降低会造成矿物颗粒间更有效的堆积，比如在10MPa压力下，分选系数$S=0.5$的颗粒堆积体的孔隙度为30%，而分选系数$S=0.04$的颗粒所形成堆积体的孔隙度为35.4%，所以分选性

变差会造成岩石孔隙度降低，导致岩石的刚度增加，相应的岩石纵横波速度也会增加。因此分选性好的岩石表现出较好的储层物性和较低的弹性波速度，反之分选性差的岩石表现出差的物性和较高的弹性波速度。

通过分析颗粒分选性对气层岩石弹性特性的影响，也进一步证实了气层岩石的弹性特性受岩石孔隙结构的影响，所以在分析岩石弹性特性时，要综合考虑岩石孔隙微观结构的影响。

三、成岩作用对气层岩石弹性特性的影响

在沉积物埋深的早期阶段，成岩作用涉及到颗粒间的黏结，沉积物开始向岩石过渡，主要表现为机械压实所引起的沉积颗粒堆积方式的改变，主要包括颗粒的滑动、转动、变形，进而导致颗粒的重新排列，这些改变将会引起岩石弹性性质的变化。在第三章对压实过程的模拟已进行了详细的介绍，这一节主要通过压实算法研究机械压实对气层岩石弹性特性的影响。

在数值模拟通过改变压实因子 λ 来模拟地层压力的变化。选用上节分选系数为 $S = 0.04$ 的颗粒尺寸分布，通过模拟石英颗粒的沉积、压实、成岩分别建立了不同压实系数下的三维数字岩心，包括 $\lambda = 0$、$\lambda = 0.1$、$\lambda = 0.2$、$\lambda = 0.3$、$\lambda = 0.5$。图 6 – 15 是压实因子分别为 $\lambda = 0$ 和 $\lambda = 0.1$ 时所构建的三维数字岩心，其中深绿色代表石英颗粒，黄色表示孔隙空间。从三维图像上也可以明显看出压实前后颗粒排列的变化。

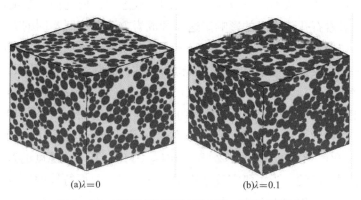

(a)$\lambda = 0$ (b)$\lambda = 0.1$

图 6 – 15 不同压实作用下构建的三维数字岩心

基于建立的三维数字岩心利用有限元方法计算了岩石的弹性模量，然后根据弹性参数之间的关系，求出了相对应的纵横波速度。图 6 – 16 给出了压实作用与岩石弹性模量和纵横波速度之间的关系。从图上可以看出压实对岩石弹性性质的

影响是非线性的，随着压力的升高，弹性模量和纵横波速度都有增大的趋势，其中弹性模量的变化率要高于纵横波速度的变化率。这主要是因为地层压力的升高，会引起储层岩石孔隙度的降低，从而导致岩石刚度增强，由于孔隙度降低会引起岩石密度的变化，所以纵横波速度的变化率会小于弹性模量的变化率。

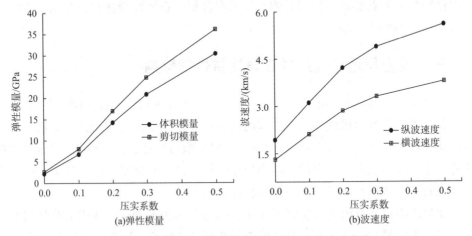

图 6 - 16　压实作用与弹性模量、波速度的关系曲线

　　在岩石形成过程中，随着埋藏深度的增加，各种胶结作用的出现使岩石具有了一定的抗压特性，此时机械压实作用对气层岩石物性的影响逐渐减弱，各种胶结作用开始起主要作用，根据第二章介绍的成岩算法，考虑了 3 种不同的数字成岩方法，尽管这些方法不能模拟岩石真实的形成过程，但它们还是能够很好地仿真成岩作用对岩石孔隙空间的影响。这 3 种成岩方法是按照不同的方式把胶结物添加到岩石粒间孔隙。从建立三维数字岩心的角度看，添加胶结物意味着把表征孔隙的像素点变成骨架像素点，最终获得所需的三维数字岩心，进而用于岩石物理性质的评价。

　　选用分选系数为 $S = 0.04$ 的颗粒尺寸分布，在各向同性压力为 10MPa 时，通过模拟石英颗粒的沉积、压实、成岩分别建立了不同孔隙度下的三维数字岩心，孔隙度包括 10%、15%、20%、25%、30%、35%，其中孔隙度的差别是由于胶结物含量不同引起的。为了研究胶结模型对气层岩石弹性特性的影响，在这 3 种胶结模型中，胶结物均为石英，利用有限元的方法计算了不同胶结模型下岩石的弹性模量，具体计算结果如图 6 - 17。从图上可以看出按照胶结模型 III 胶结形成的岩石刚度强与其他两种胶结模型，这是因为对于同样的胶结物含量，相比其他两种模型，胶结模型 III 在颗粒接触点含有最多的胶结物，所以颗粒按照这种胶结方式形成的岩石硬度较大，即岩石弹性模量大。相反，按照胶结模型 II，胶结物的生长远离接触点，因此会产生相对比较软的岩石结构。为了验证所提的 3 种砂岩胶结物生长模型，把数值模拟结果与 Han（1986）所测量的干砂岩的实验结果进行了比较，通过对照实验结果发现这三种胶结模型相对还是比较合理的。

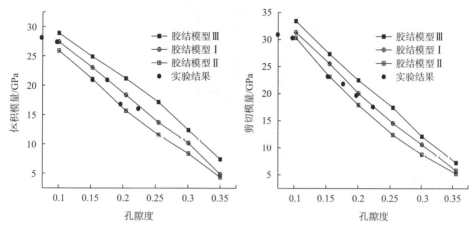

图 6 - 17　成岩作用对岩石弹性模量的影响

　　基于胶结模型 1，进一步研究了胶结物类型（石英、方解石、黏土矿物）对岩石弹性性质的影响，在数字岩心中通过把原来表征胶结物石英的像素点替换为相应的方解石和黏土矿物（表 6 - 3），其中浅蓝色表示石英颗粒，深蓝色表示孔隙空间，绿色表示胶结物。利用有限元的方法分别计算了这三种矿物胶结情况下的岩石弹性模量，具体计算参数见表 6 - 3。数值模拟结果如图 6 - 19，从图上可以看出在相同孔隙度下颗粒间通过方解石胶结所形成的岩石刚度最大，石英胶结次之，最小是黏土矿物胶结。由于孔隙度的改变是通过胶结物含量的变化来实现的，所以从图上还可以看出随着胶结物含量的变大（孔隙度降低的方向）岩石弹性模量变大，当孔隙度为 35% 时，胶结物类型对岩石弹性模量基本没有影响，这是由于此时粒间胶结物含量很低。

　　总之，岩石骨架（颗粒矿物、胶结物）、孔隙结构以及地层压力都会对岩石弹性特性产生影响，下一节将研究孔隙流体对岩石弹性特性的影响。

表 6 - 3　颗粒和胶结物的弹性模量（据 Mavko 等，2010）

矿物	石英	方解石	黏土
体积模量/GPa	36.6	70	25
剪切模量/GPa	45	29	9

图 6 - 18　胶结物充填的三维可视化

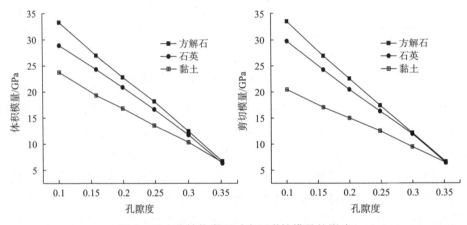

图 6 - 19　胶结物类型对岩石弹性模量的影响

四、气饱和度对气层岩石弹性性质的影响

　　岩石的弹性性质不仅受岩石骨架（颗粒、胶结物）和孔隙结构的影响，还受岩石孔隙内所充填流体性质的影响。岩石孔隙中的流体及其变化对岩石的弹性性质产生一定的影响。定量研究岩石弹性力学性质随所含流体变化的特征对于深入了解岩石物理性质，特别是对油气田开发具有重要意义。为了研究天然气储层岩石中气饱和度对岩石特性的影响，利用 X 射线 CT 扫描获取了四块枫丹白露砂岩的三维数字岩心，孔隙度为 8% ～21%，渗透率为 80 ～3000mD。基于三维数字岩心用有限元的方法模拟了岩石的弹性参数与含气饱和度的关系。在不同含气饱和度条件下，孔隙空间的流体分布不同，岩石的弹性模量会受到流体分布和流体性质的影响，利用 LBM 方法确定不同含气饱和度下三维数字岩心中孔隙流体

的分布。图 6 – 20 是孔隙度为 19% 的枫丹白露砂岩（亲水岩石）在不同含气饱和度下流体分布图，其中蓝色代表岩石骨架，红色代表天然气，绿色代表水。

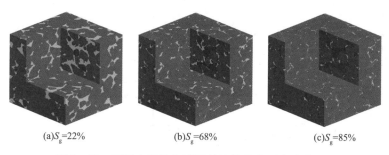

(a)S_g=22%　　　　(b)S_g=68%　　　　(c)S_g=85%

图 6 – 20　不同含气饱和度下的流体分布（亲水岩石）

在图 6 – 21 中，分别给出了岩石拉梅常数、泊松比、纵横波速度、杨氏模量及纵横波速度比随含气饱和度的变化关系曲线。从图 6 – 21（d）可以看出岩石的含气饱和度对横波速度影响不大，含气饱和度的增加将引起横波速度的缓慢增加，这主要是因为含气饱和度的增加，导致了岩石密度的降低。岩石的拉梅常数、泊松比、纵波速度、杨氏模量和纵横波速度比随含气饱和度的增加而减小，当含气饱和度较低时，以上弹性参数随含气饱和度增加急剧降低。也就是说这些弹性参数在含水饱和度较高时，对于气体含量非常敏感，当含有较多气体时，它们对气体含量不很敏感。

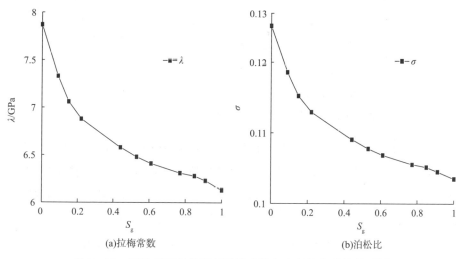

(a)拉梅常数　　　　　　　　　　　　　(b)泊松比

图 6 – 21　有限元模拟的岩石弹性参数与含气饱和度的关系图

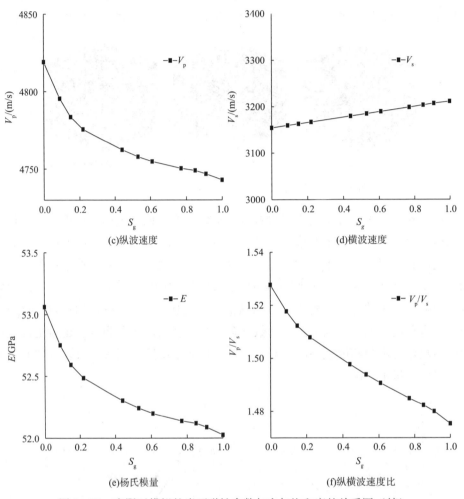

图 6 - 21　有限元模拟的岩石弹性参数与含气饱和度的关系图（续）

　　对于天然气储层来说，气体的储集会引起整个储集层的弹性模量、拉梅常数、泊松比、纵波速度、杨氏模量及纵横波速度比的明显降低，而横波速度略有升高。为了研究各弹性参数对气饱和度变化的敏感性，定义弹性参数随含气饱和度相对变化率 $A = |y_{pg} - y_g| / y_g$，其中，y_{pg} 和 y_g 分别表示部分饱和气和完全饱和气岩石的弹性参数。图 6 - 22 将各弹性参数随含气饱和度的变化率进行了比较，可以看出，对于气饱和度变化最敏感的参数是拉梅常数，其次是泊松比、体积模量和纵横波速度比，特别是当气饱和度较小的时候，气饱和度的变化能引起这些弹性参数的明显变化，因此当地层含气饱和度较小时，利用拉梅常数、泊松比、

体积模量、纵横波速度比都可以有效地识别含气地层，当含气饱和度较大时（含气饱和度大于 50%），利用纵横波速度比、体积模量识别含气地层具有一定的困难，但利用拉梅常数、泊松比仍然可以有效地识别气层。在结合测井资料，计算岩石含气饱和度时，也可以选择对气饱和度变化反应敏感的参数来计算。通过上面的分析，首先要选择拉梅常数，其次是泊松比、体积模量和纵横波速度比，这样可以减小误差，提高识别准确度和计算精度。

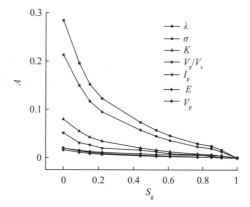

图 6 – 22　岩石弹性参数的相对变化率与含气饱和度的关系

五、气油比对气层岩石弹性性质的影响

根据前面的介绍可知，天然气可以大量地溶于原油中，特别是轻质油中，一般用气油比来表征原油中溶解气体的多少。气油比 GOR 是指单位体积或单位质量地面原油在地层条件下所溶有的天然气在标准状态下的体积（m^3/m^3 或 L/L）。当储层岩石孔隙中的原油溶有大量天然气时，流体的地震特性（流体密度、速度）就会发生变化从而引起岩石弹性性质的变化。图 6 – 23 是不同温度和压力下，气油比对石油速度、密度的影响，从图上可以看出石油的速度和密度都随气油比的增大而降低。含溶解气石油的体积模量可以通过速度和密度求得。

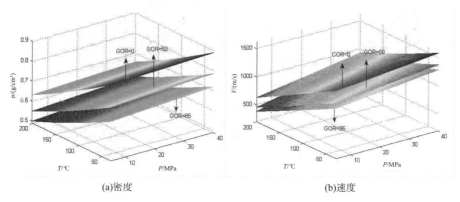

(a)密度　　　　　　　　　　　　(b)速度

图 6 – 23　不同温度、压力下溶解气对石油密度、速度的影响

为了研究气油比对储层岩石的弹性的影响规律，基于三维数字岩心利用有限元的方法计算了不同气油比下气层岩石的弹性参数，包括岩石的力学参数及纵横波速度，具体数值模拟结果如图 6 – 24 和图 6 – 25。图 6 – 24 给出了气油比对气层岩石力学参数的影响，包括体积模量、剪切模量、泊松比、拉梅常数和杨氏模量。从图上可以看出拉梅常数、泊松比、体积模量随地层流体气油比的增大而减小，当气油比较低时，以上弹性参数随气油比的增加急剧降低，对地层流体性质变化敏感。剪切模量、杨氏模量受地层流体气油比变化影响较小，对流体性质变化不敏感。

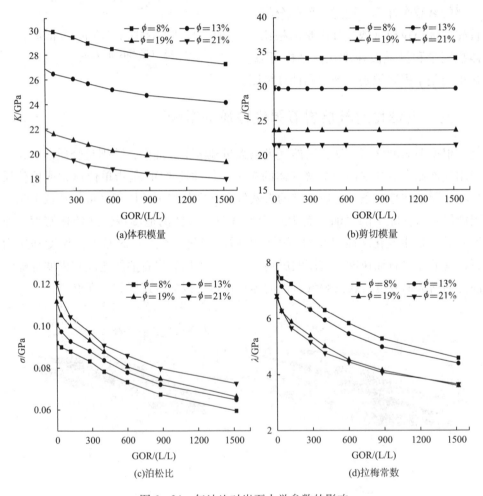

图 6 – 24　气油比对岩石力学参数的影响

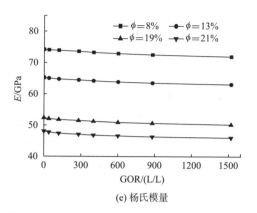

(e) 杨氏模量

图 6 - 24 气油比对岩石力学参数的影响（续）

　　纵横波速度和纵横波速度比随气油比的变化关系在图 6 - 25 给出，在相同孔隙条件下岩心在饱和油时纵波速度最快，随着地层流体气油比变大，纵波速度减小，而横波速度缓慢增加。在岩心孔隙度相同时，纵横波速度及纵横波速度比随岩心孔隙的增加而减小。纵横波速度比对地层流体性质的变化比较敏感，随着地层流体气油比的增大，纵横波速度比减小，并且当气油比较小时，纵横波速度比变化较大。因此可以看出纵横波速度比是有效诊断油气层较好的声学参数之一。

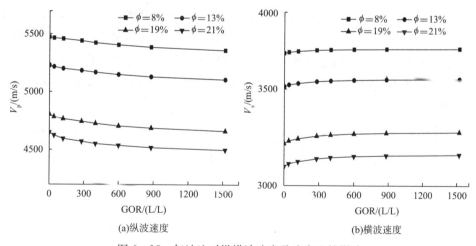

(a)纵波速度　　　　　　　　　　　　(b)横波速度

图 6 - 25 气油比对纵横波速度及速度比的影响

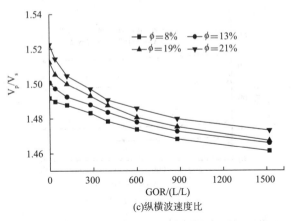

(c)纵横波速度比

图6-25 气油比对纵横波速度及速度比的影响（续）

六、气体比重对气层岩石弹性性质的影响

天然气的比重即相对密度是指在相同温度、压力条件下天然气密度与空气密度的比值。典型天然气的比重几乎由纯甲烷的0.56到具有较高碳数的较重组分气体1.8以上的比重值。天然气的密度、速度等地震属性与气体比重密切相关，天然气组分的变化势必会引起储层岩石弹性性质的变化，目前尚未发现有关于气体比重对岩石弹性特性影响的相关文献。为了更好地认识理解气体比重的变化对岩石弹性特性的影响规律，更有效地利用测井判别天然气的组分，基于三维数字岩心利用有限元方法模拟了三种不同天然气比重下的岩石弹性参数变化。

气体比重对气层岩石力学参数的影响的模拟结果如图6-26所示，模拟结果

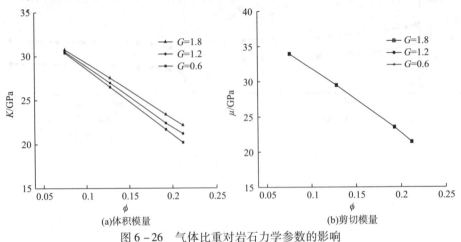

图6-26 气体比重对岩石力学参数的影响

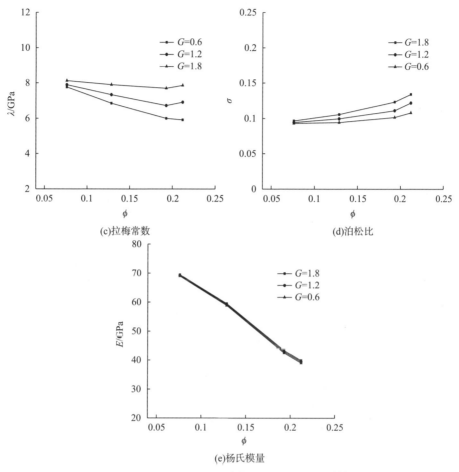

(c)拉梅常数　　　　　　　　　　(d)泊松比

(e)杨氏模量

图6-26　气体比重对岩石力学参数的影响（续）

表明在相同孔隙度下体积模量、泊松比随气体比重的增大而增大，而拉梅常数随气体比重增大而减小。剪切模量、杨氏模量受气体比重变化影响较小，对流体性质变化不敏感。从图上还可以看出体积模量、剪切模量、杨氏模量都随孔隙度的变大而减小，而泊松比随孔隙的增大而增大，拉梅常数随孔隙度的变化不是单调的，先减小然后有增大的趋势。

图6-27给出纵横波速度和纵横波速度比随气体比重的变化关系，从图上可以看出在岩心孔隙度相同时，纵波速度及纵横波速度比随气体比重的变大而增大，而横波速度变化正好与此相反。为了研究各弹性参数对气体比重变化的敏感性，定义弹性参数随气体比重的相对变化率 $A = |G_1 - G_2| / G_2$，其中 G_1 和 G_2 分别表示气体比重为 0.6 和 1.8 时的岩石的弹性参数取值。

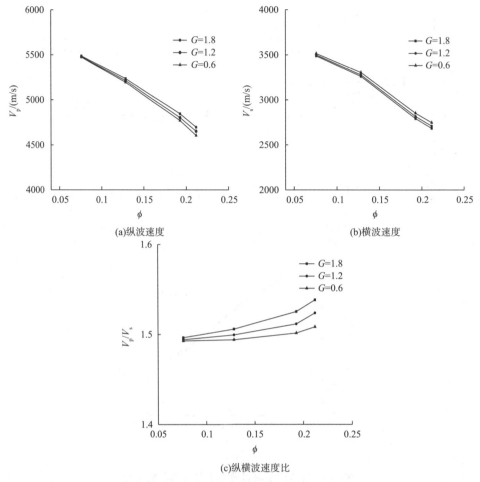

图 6 - 27 气体比重对纵横波速度的影响

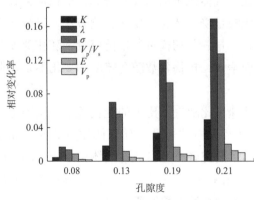

图 6 - 28 岩石弹性参数的相对变化率比较

图 6 - 28 将不同孔隙度下的弹性参数的变化率进行了比较，从图上可以看出对气体比重变化最敏感的参数是拉梅常数，其次是泊松比、体积模量、纵横波速度比。并且随着岩心孔隙度的变大气体比重对岩石弹性参数的影响增强。在结合测井资料诊断天然气性质时，可以选择敏感参数判定天然气组分的变化。

第五节　裂缝性储层岩石弹性特征

近几年，裂缝型储层在油气的勘探开中越来越受重视。由于定向应力的作用，地层中的裂缝通常会表现出一定的排列模式，其中横向各向同性（TI）介质是地层中普遍存在的一种各向异性介质。裂缝的存在会导致储层岩石弹性各向异性，裂缝中充填的流体不一样，对裂缝岩石的弹性性质的影响也不一样。本小节研究了发育水平裂缝岩石的弹性特征，以及流体性质对裂缝性岩石弹性参数的影响，对裂缝性储层评价与储层流体识别有重要意义。

一、裂缝宽度对储层岩石弹性的影响

裂缝的存在使得岩心结构更加复杂，造成了很强的各向异性，利用构建的不同裂缝宽度的数字岩心，研究了裂缝弹性参数随裂缝开度的变化。

图 6 - 29（a）是表示干岩石状态下，裂缝性岩石弹性常数随裂缝开度的变化，刚度矩阵元素 C_{11} 与 C_{33} 发生偏离，C_{44} 与 C_{66} 发生偏离，说明裂缝造成了岩心弹性的各向异性。由于 C_{11} 平行于裂缝半面受到岩石骨架支撑，因此随裂缝宽度变化较小。C_{33} 垂直于裂缝平面，因此 C_{33} 随裂缝开度的增大逐渐减小。由于岩石骨架的支撑，C_{66} 随裂缝开度变化不大。随着裂缝开度逐渐的增大，C_{33} 和 C_{44} 差异逐渐减小，当裂缝开度足够大时，C_{33} 和 C_{44} 趋于 0。图 6 - 29（b）是纵横波速与裂缝开度的关系，从图中可以看出，随着裂缝开度的增大，纵横波速度都逐渐减小，当裂缝开度足够大时，纵横波速度趋于 0。

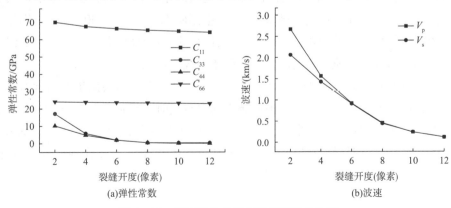

(a)弹性常数　　　　　　　　　(b)波速

图 6 - 29　岩石弹性参数与裂缝开度的关系

二、流体性质对裂缝性岩石弹性的影响

裂缝性岩心弹性的一个主要问题是孔隙流体对弹性各向异性的影响。由于刚度矩阵不能直观的表征应力应变之间的关系，Thomsen（1986）引入了各向异性参数 ε、γ、δ 来描述 VTI 介质的各向异性程度。3 个 Thomsen 参数，即各向异性因子定义为，

$$\varepsilon = \frac{C_{11} - C_{33}}{2C_{33}} \tag{6-40}$$

$$\gamma = \frac{C_{66} - C_{44}}{2C_{44}} \tag{6-41}$$

$$\delta = \frac{(c_{13} + c_{55})^2 - (c_{11} - c_{55})^2}{2c_{11}(c_{11} - c_{55})} \tag{6-42}$$

ε、γ 和 δ 是各向异性参数，均为无量纲的参数，表征各向异性的程度。ε 是表征准纵波各向异性的参数，ε 越大，介质的纵波各向异性程度越强，$\varepsilon = 0$ 时，纵波无各向异性。γ 是度量准横波各向异性强度的参数，γ 越大，则表示解释横波各向异性程度越强。δ 主要影响纵波近垂直方向的速度。

从图 6-30（a）可以看出，刚度矩阵元素 C_{11} 与 C_{33} 发生偏离，C_{44} 与 C_{66} 发生偏离，说明裂缝造成了岩心弹性的各向异性。由于 C_{11} 平行于裂缝平面，因此随流体弹性模量的增大变化较小。C_{33} 垂直于裂缝平面，因此 C_{33} 岩石变的更软，但随着流体弹性模量的增大 C_{33} 增大，这是因为孔隙流体对孔隙和裂缝起到了支撑作用。随着流体弹性模量的增大，C_{44} 与 C_{66} 基本不变，这说明流体性质对切向弹性常数影响比较小。图 6-30（b）表示垂直方向上纵横波速度随流体体积模量的变化，从图上可以看出，随着流体体积模量的增大，横波速度整体呈增大趋势，但变化微小；纵波速度逐渐增大，增速逐渐变缓。图 6-30（c）是纵横波速比随流体体积模量的变化，从图中可以看出，随着流体体积模量的增大，纵横波速比逐渐增大，增速逐渐变缓，图中两条虚线与横轴交点分别为流体体积模量 1.02GPa 和 2.19GPa，即油和水的体积模量，可以看出当储层储集空间含有油或者水时，纵横波速比变化不大，但储集空间含有气时（流体模量接近 0GPa），纵横波速比急剧减小，说明利用纵横波速比可以识别裂缝性含气储层。图 6-30（d）是纵波各向异性系数 ε 和横波各向异性系数 λ 随流体弹性模量的变化，从图中可以看出，随着流体体积模量的增大，各向异性系数逐渐减小。

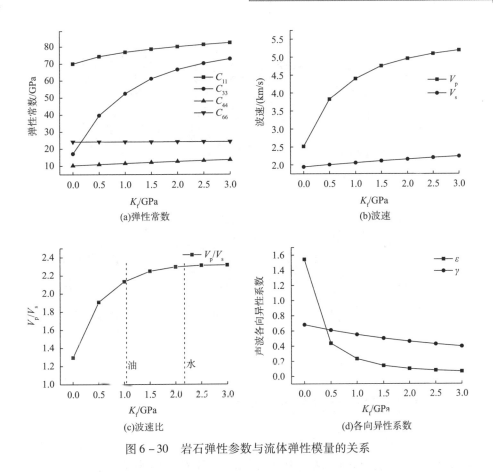

图 6－30 岩石弹性参数与流体弹性模量的关系

第六节 层状结构储层岩石弹性特征

为了研究层状岩心弹性特征，利用改进的过程法构建了不同孔隙度的层状数字岩心，岩心上下两层颗粒半径为 $40\,\mu m$，中间夹层颗粒半径为 $60\,\mu m$，岩心上下两层的孔隙度为 5%，岩心总孔隙度分别为 5.4%、7.4%、8.8%、10.3%、12.1%、13.6%，岩心总孔隙度的变化仅仅是由中间层的变化造成的（图 6－31）。

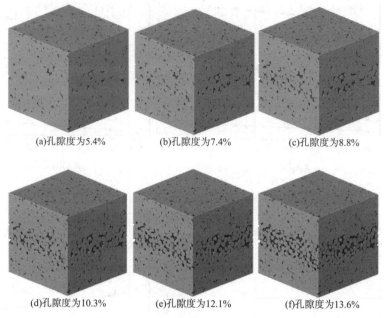

(a)孔隙度为5.4%　　　　(b)孔隙度为7.4%　　　　(c)孔隙度为8.8%

(d)孔隙度为10.3%　　　　(e)孔隙度为12.1%　　　　(f)孔隙度为13.6%

图6-31　不同夹层孔隙度的数字岩心

一、夹层对储层岩石弹性的影响

图6-32（a）是层状岩心孔隙度与弹性常数的关系，孔隙度的变化是由中间夹层孔隙度变化引起的，从图中可以看出 C_{11} 和 C_{66} 随层状岩心孔隙度的变化逐渐减小，这是因为应变的方向与薄层平行，上下薄层对应力起到支撑作用，弹性常数的减小主要是岩心孔隙度的增大引起的。岩心的弹性模量受孔隙度和粒径双重影响，孔隙度越大，弹性模量越小，相同孔隙度下粒径越大，弹性模量越大。在孔隙度较小时，岩石粒径起着主控作用，因此 $C_{33} > C_{11}$，随着中间层孔隙度的变大，孔隙度逐渐成为主导作用，C_{33} 方向上岩石变软，但 C_{11} 由于上下层的支撑，受孔隙度变化影响较小，因此 $C_{33} < C_{11}$。C_{66} 和 C_{44} 之间的规律与 C_{33} 和 C_{11} 类似。图6-32（b）是层状岩心孔隙度与波速的关系，由于孔隙度增大会引起岩石密度的变小，所以纵横波速度的变化率会小于弹性模量的变化率。

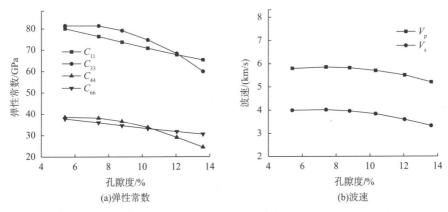

(a)弹性常数

(b)波速

图 6 – 32 层状岩心弹性特征

二、流体性质对层状岩石弹性的影响

为研究流体性质对层状岩石弹性的影响，选取总孔隙度为 12% 的岩心，研究流体 100% 饱和时，弹性参数随流体体积模量的变化（图 6 – 33），流体弹性模量对层状岩心弹性参数的影响完全不同于裂缝性岩心，C_{11} 和 C_{33} 随着流体弹性模量的增大，逐渐分离，这是因为 C_{33} 垂直于中间夹层，流体的支撑作用对 C_{33} 的贡献比 C_{11} 大。C_{44} 与 C_{66} 随流体模量的增大基本不变，这说明流体对切向弹性参数影响比较小。层状岩心的纵横波速度随流体模量的变化不大且几乎平行。

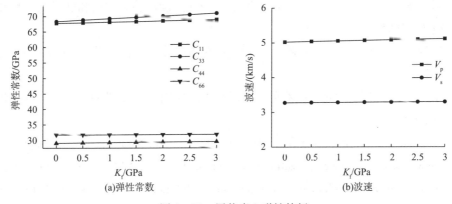

(a)弹性常数

(b)波速

图 6 – 33 层状岩心弹性特征

参考文献

[1] Fatt I. The Network Model of Porous Media Iii：Dynamic Properties of Networks with Tube Radius Distribution ［J］. Trans. AIME. 1956，V207：164 –181.

[2] Laird A D K, Putnam J A. Fluid Saturation in Porous Media by X-Ray Techniques ［J］. Petroleum Transactions, AIME. 1951，192：275 –284.

[3] 王家禄，高建，刘莉. 应用 CT 技术研究岩石孔隙变化特征 ［J］. 石油学报. 2009，30（6）：887 –897.

[4] 尹小涛，王水林，党发宁，等. CT 实验条件下砂岩破裂分形特性研究 ［J］. 岩石力学与工程学报. 2008，27（S1）：2721 –2726.

[5] 宋广寿，高辉，高静乐，等. 西峰油田长 8 储层微观孔隙结构非均质性与渗流机理实验 ［J］. 吉林大学学报：地球科学版，2009，39（1）：53 –59.

[6] 赵碧华，周渤然，田中原. 用 CT 技术确定砂岩的孔隙度 ［J］. 测井技术. 1994（03）：178 –184.

[7] 赵碧华，周勃然，田中原. 用层析技术（CT）确定砂岩的饱和度 ［J］. 测井技术. 1995（01）：1 –5.

[8] 赵碧华. 用 CT 扫描技术观测岩心中液流特性 ［J］. 石油学报. 1992（01）：91 –97.

[9] 张昌民，李联伍. X-CT 技术在储层研究中的应用 ［M］. 北京：石油工业出版社，1996.

[10] Dunsmuir J H, Ferguson S R, D'Amico K L, et al. X-ray micro-tomography：a new tool for the characterization of porous media ［C］. SPE 22860, Proceedings of 66th Annual Technical Conference and Exhibition of the Society of Petroleum Engineers. 1991, Dallas, TX.

[11] Rosenberg E. , Lynch J. , Guéroult P. High Resolution 3D Reconstructions of Rocks and Composites ［J］. Oil & Gas Science and Technology. 1999，54（4）：497 –511.

[12] Arns C. H. The Influence of Morphology On Physical Properties of Reservoir Rocks [D]. Sydney: The University of New South Wales, 2002.

[13] Arns C. H. , Bauget F. , Limaye A. , et al. Pore-Scale Characterization of Carbonates Using X-Ray Microtomography [J]. SPE Journal, 2005, 10 (4): 475 - 484.

[14] Gelb J, Gu A, Fong T, et al. A closer look at shale: Representative elementary volume analysis with laboratory 3D X-Ray computed microtomography and nanotomography [C]. Proc. SCA. 2011.

[15] Yang Y S, Liu K Y, Mayo S, et al. A data-constrained modelling approach to sandstone microstructure characterisation [J]. Journal of Petroleum Science and Engineering, 2013, 105: 76 - 83.

[16] Wang Y. Synchrotron-Based Data-Constrained Modeling Analysis of Microscopic Mineral Distributions in Limestone [J]. International Journal of Geosciences, 2013, 4: 344 - 351.

[17] 姚艳斌, 刘大锰, 蔡益栋, 等. 基于 NMR 和 X-CT 的煤的孔裂隙精细定量表征 [J]. 中国科学地球科学, 2010, 40 (11): 1598 - 1607.

[18] Petford N, Davidson G, Miller J A. Pore structure determination using confocal scanning laser microscopy [J]. Physics and Chemistry of the Earth, Part A: Solid Earth and Geodesy, 1999, 24 (7): 563 - 567.

[19] Menéndez B, David C, Nistal A M. Confocal scanning laser microscopy applied to the study of pore and crack networks in rocks [J]. Computers & geosciences, 2001, 27 (9): 1101 - 1109.

[20] Fredrich J. T. , Menendez B. , Wong T. F. Imaging the pore structure of geomaterials [J]. Science, 1995, 268: 276 - 279.

[21] Petford N, Davidson G, Miller J A. Investigation of the petrophysical properties of a porous sandstone sample using confocal scanning laser microscopy [J]. Petroleum Geoscience, 2001, 7 (2): 99 - 105.

[22] Shah S M, Crawshaw J P, Boek E S. Preparation of microporous rock samples for confocal laser scanning microscopy [J]. Petroleum Geoscience, 2014, 20 (4): 369 - 374.

[23] Lymberopoulos D P, Payatakes A C. Derivation of topological, geometrical, and correlational properties of porous media from pore-chart analysis of serial section

data. Journal of Colloid and Interface Science, 1992, 150 (1): 61 - 80.

[24] Vogel H J, Roth K. Quantitative morphology and network representation of soil pore structure. Advances in Water Resources, 2001. 24 (3 - 4): 233 - 242.

[25] Tomutsa L, Radmilovic V. Focused ion beam assisted three-dimensional rock imaging at submicron-scale [C]. Proceedings of International Symposium of the Society of Core Analysts, 2003, Pau, France.

[26] Tomutsa L, Silin D. Nanoscale pore imaging and pore scale fluid flow modeling in chalk. Lawrence Berkeley National Laboratory: 2004.

[27] Tomutsa L, Silin D, Radmilovic V. Analysis of chalk petrophysical properties by means of submicron-scale pore imaging and modeling. SPE Reservoir Evaluation & Engineering, 2007, 10: 285 - 293.

[28] Adler P M, Thovert J. Real porous media: Local geometry and macroscopic properties. Applied Mechanics Review, 1998, 51: 537 - 585.

[29] Quiblier J. A. A New Three-Dimensional Modeling Technique for Studying Porous Media [J]. Journal of Colloid and Interface Science. 1984, V98 (1): 84 - 102.

[30] Adler P. M. , Jacquin C. G. , Quiblier J. A. Flow in Simulated Porous Media [J]. International Journal of Multiphase Flow. 1990, 16 (4): 691 - 712.

[31] Ioannidis M, Kwiecien M, Chatzis I. Computer Generation and Application of 3-D Model Porous Media from Pore-Level Geostatistics to the Estimation of Formation Factor [C]. SPE 30201, Proceedings of SPE Computer Conf, Houston, 1995, 185 - 194.

[32] Adler P. M. , Jacquin C. G. , Thovert J. F. The formation factor of reconstructed porous-media [J]. Water Resources Research, 1992, 28: 1571 - 1576.

[33] Roberts A. P. Statistical reconstruction of three-dimensional porous media from two-dimensional images [J]. Physical Review E, 1997, 56: 3203 - 3212.

[34] Adler P. M. , Thovert J. F. Real porous media: Local geometry and macroscopic properties [J]. Applied Mechanics Review, 1998, 51: 537 - 585.

[35] Levitz P. Off-lattice reconstruction of porous media: critical evaluation, geometrical confinement and molecular transport [J]. Advances in Colloid and Interface Science, 1998, 77: 71 - 106.

[36] Liang Z. R. , Fernandes C. P. , Magnani F. S. et al. A reconstruction technique

for three-dimensional porous media using image analysis and Fourier transforms [J]. Journal of Petroleum Science and Engineering, 1998, 21: 273 – 283.

[37] Yeong C. L. Y, Torquato S. Reconstructing Random Media [J]. Phys. Rev. E, 1998, 57 (1): 495 – 505.

[38] Yeong C. L. Y, Torquato S. Reconstructing Random Media. II. Three-Dimensional Media from Two-Dimensional Cuts [J]. Phys. Rev. E, 1998, 58 (1): 224 – 233.

[39] Roberts A. P. , Torquato S. Chord-distribution functions of three-dimensional random media: approximate first-passage times of Gaussian processes [J]. Physical Review E, 1999, 59: 4953 – 4963.

[40] Ioannidis M. A. , Chatzis I. On the geometry and topology of 3D stochastic porous media [J]. Journal of Colloid and Interface Science, 2000, 229: 323 – 334.

[41] Hilfer R. Geometric and dielectric characterization of porous-media [J]. Physical Review B, 1991, 44: 60 – 75.

[42] Torquato S. , Lu, B. Chord-length distribution function for 2-phase random media [J]. Physical Review E, 1993, 47: 2950 – 2953.

[43] Hazlett R. D. Statistical Characterization and Stochastic Modeling of Pore Networks in Relation to Fluid Flow [J]. Mathematical geology. 1997, 29 (6): 801 – 822.

[44] 姚军, 赵秀才, 衣艳静, 等. 数字岩心技术现状及展望 [J]. 油气地质与采收率. 2005, 12 (6): 52 – 54.

[45] 赵秀才, 姚军, 陶军, 等. 基于模拟退火算法的数字岩心建模方法 [J]. 高校应用数学学报 (A 辑). 2007, 22 (2): 127 – 133.

[46] Keehm Y. Computational Rock Physics: Transport Properties in Porous Media and Applications [D]. Stanford: Stanford University, 2003.

[47] 朱益华, 陶果. 顺序指示模拟技术及其在 3D 数字岩心建模中的应用 [J]. 测井技术. 2007, 31 (2): 112 – 115.

[48] 朱益华, 陶果, 方伟. 图像处理技术在数字岩心建模中的应用 [J]. 石油天然气学报. 2007, 29 (5): 54 – 57.

[49] 刘学锋, 孙建孟, 王海涛, 等. 顺序指示模拟重建三维数字岩心的准确性评价 [J]. 石油学报. 2009, 30 (3): 391 – 395.

[50] Okabe H. , Blunt M. J. Prediction of permeability for porous media reconstructed using multiple-point statistics [J]. Physical Review E, 2004, 70: 066135.

［51］张丽，孙建孟，孙志强，等．多点地质统计学在三维岩心孔隙分布建模中的应用．中国石油大学学报（自然科学版）［J］．2012，36（2）：105 – 109.

［52］Wu K, Nunan N, Crawford J W, et al. An efficient Markov Chain model for the simulation of heterogeneous soil structure ［J］. Soil Science Society of America, 2004. 68：346 – 351.

［53］Wu K, Dijke M I, Couples G D, et al. 3D stochastic modelling of heterogeneous porous media – applications to reservoir rocks ［J］. Transport in Porous Media, 2006, 65（3）：443 – 467.

［54］Øren P E, Bakke S. Process Based Reconstruction of Sandstones and Prediction of Transport Properties. Transport in Porous Media, 2002, 46：311 – 343.

［55］Øren P E, Bakke S. Reconstruction of Berea Sandstone and Pore-Scale Modeling of Wettability Effects. Journal of Petroleum Science and Engineering, 2003. 39：177 – 199.

［56］Øren P E, Bakke S, Arntzen O J. Extending Predictive Capabilities to Network Models. SPE Journal, 1998, 3：324 – 336.

［57］Liu xuefeng, Sun Jianmeng, Wang Haitao. Reconstruction of 3-D Digital Cores Using a Hybrid Method. Applied Geophysics. 2009, 6（2）：105 – 112.

［58］Al-Gharbi Mohammed Saif. Dynamic Pore-Scale Modelling of Two-Phase Flow ［D］. London：Imperial College London, 2004.

［59］Blunt M. J., Jackson M. D., Piri M., et al. Detailed Physics, Predictive Capabilities and Upscaling for Pore-Scale Models of Multiphase Flow ［J］. Advances in Water Resources. 2004, V8 – 12（25）：1069 – 1089.

［60］E S Boek and M Venturoli, Lattice-Boltzmann studies of fluid flow in porous media with realistic rock geometries ［J］. Computers and Mathematics with Applications. 2010, 59：2305 – 2314.

［61］Arns Ji-Youn, Arns C. H., Adrian P. S., et al. Relative Permeability From Tomographic Images；Effect of Correlated Heterogeneity ［J］. Journal of Petroleum Science and Engineering. 2003, 39（3 – 4）：247 – 259.

［62］Arns Ji-Youn, Robins Vanessa, Sheppard A. P., et al. Effect of Network Topology On Relative Permeability ［J］. Transport in Porous Media. 2004, 55（1）：21 – 46.

［63］Arns C. H., Bauget F., Ghous A., et al. Digital Core Laboratory：Petrophysical

Analysis From 3D Imaging of Reservoir Core Fragments [J]. Petrophysics. 2004, 46 (4): 260 – 277.

[64] Knackstedt M. A. , Arns C. H. , Sheppard A. P. , et al. Archie'S Exponents in Complex Lithologies Derived From 3D Digital Core Analysis [C]. Austin, Texas: 48th Annual Logging Symposium, 2007

[65] Knackstedt Mark Alexander, Sok Rob, Adrian Sheppard, et al. 3D Pore Scale Characterisation of Carbonate Core: Relating Pore Types and Interconnectivity to Petrophysical and Multiphase Flow Properties [C]. Dubai, U. A. E. : International Petroleum Technology Conference, 2007

[66] Makarynska Dina, Gurevich Boris, Ciz Radim, et al. Finite Element Modelling of the Effective Elastic Properties of Partially Saturated Rocks [J]. Computers & Geosciences. 2008, 34 (6): 647 – 657.

[67] Olafuyi Olalekan Adisa, Sheppard Adrian P. , Arns Christoph Hermann, et al. Experimental Investigation of Drainage Capillary Pressure Computed From Digitized Tomographic Images [C]. Tulsa, Oklahoma, USA: SPE/DOE Symposium on Improved Oil Recovery, 2006

[68] Ghous Abid, Knackstedt Mark Alexander, Arns C. H , et al. 3D Imaging of Reservoir Core at Multiple Scales; Correlations to Petrophysical Properties and Pore Scale Fluid Distributions [C]. Kuala Lumpur, Malaysia: International Petroleum Technology Conference, 2008.

[69] Arns Ji-Youn, Robins Vanessa, Sheppard A. P. , et al. Effect of Network Topology On Relative Permeability [J]. Transport in Porous Media. 2004, 55 (1): 21 – 46.

[70] Arns Ji-Youn, Arns C. H. , Adrian P. S. , et al. Relative Permeability From Tomographic Images; Effect of Correlated Heterogeneity [J]. Journal of Petroleum Science and Engineering. 2003, 39 (3 – 4): 247 – 259.

[71] Jones Anthony C. , Arns Christoph H. , Hutmacher Dietmar W. , et al. The Correlation of Pore Morphology, Interconnectivity and Physical Properties of 3D Ceramic Scaffolds with Bone Ingrowth [J]. Biomaterials. 2009, 30 (7): 1440 – 1451.

[72] Arns CH, Bauget F, Limaye A, et al. Pore Scale Characterisation of Carbonates Using X-Ray Microtomography [C]. Houston, Texas: SPE Annual Technical Conference and Exhibition, 2004.

[73] Knackstedt MA, Arns CH, Pinczewskiz WV, et al. Computation of Linear Elastic Properties From Microtomographic Images: Methodology and Agreement Between Theory and Experiment [J]. Geophysics. 2002, 67 (5): 1396 – 1405.

[74] Arns Christoph H. A Comparison of Pore Size Distributions Derived by Nmr and X-Ray-Ct Techniques [J]. Physica A: Statistical Mechanics and its Applications. 2004, 339 (1 – 2): 159 – 165.

[75] Arns CH, Senden TJ, Sok RM, et al. Digital Core Laboratory: Analysis of Reservoir Core Fragments From 3D Images [C]: SPWLA 45th Annual Logging Symposium, 2004.

[76] Arns CH, Meleán Y, 2009, Accurate simulationof NMR responses of mono-mineralic carbonate rocks using x-ray-CT images. Paper UUU, presented at the SPWLA 50th Annual Logging Symposium held in The Woodlands, Texas, USA.

[77] Dvorkin, J., Kameda, A., Nur, A., Mese, A., and Tutuncu, A. N. Real Time Monitoring of Permeability, Elastic Moduli and Strength in Sands and Shales using Digital Rock Physics, SPE 82246, SPE European Formation Damage Conference, the Hague, May 13 – 14, 1 – 7, 2003.

[78] Dvorkin J, Kameda A, Nur A, et al. Digital Rock Physics for Sands and Shales [J]. 2002, 5 (3): 68.

[79] Kameda A, Dvorkin J, Keehm Y, Nur A, Bosl B. Permeability-Porosity Transforms from Small Sandstone Fragments. Geophysics, 2006. 71, 11 – 19.

[80] Archie G E. The electrical resistivity log as an aid in determining some reservoir characteristics [J]. Transactions of the AIME, 1942, 146 (01): 54 – 62.

[81] Wang Y, Sharma MM. A Network Model for the Resistivity Behavior of Partially Saturated Rocks [C]. San Antonio, Texas: 29th SPWLA Ann. Logg. Symp, 1988.

[82] Suman RJ, Knight RJ. Effect of Pore Structure and Wettability On the Electrical Resistivity of Partially Saturated Rock—a Network Study [[J]. Geophysics. 1997, 62 (4): 1151 – 1162.

[83] 毛志强, 高楚桥. 孔隙结构与含油岩石电阻率性质理论模拟研究 [J]. 石油勘探与开发. 2000 (2): 87 – 90.

[84] 孙建孟, 王克文, 朱家俊. 济阳坳陷低电阻储层电性微观影响因素研究 [J]. 石油学报. 2006, 27 (5): 61 – 65.

[85] 王克文, 孙建孟, 耿生成. 不同矿化度下泥质对岩石电性影响的逾渗网络研究 [J]. 地球物理学报. 2006, 49 (6): 1867 - 1872.

[86] Ke-Wen Wang, Jian-Meng Sun, Ji-Teng Guan et al. . A Percolation Study of E-lectrical Properties of Reservoir Rocks [J]. Physica A, 2007, 380.

[87] WANG Ke-wen, SUN Jian-meng, GUAN Ji-teng. Percolation Network Modeling of Electrical Properties of Complex Reservoir Rock [J]. Chinese Applied Geophysics, 2005, 2 (4): 223 - 229.

[88] Blunt MJ. Flow in Porous Media Pore-Network Models and Multiphase Flow [J]. Current Opinion in Colloid & Interface Science. 2001, 6 (3): 197 - 207.

[89] Hughes R. G. , Blunt M. J. Network Modeling of Multiphase Flow in Fractures [J]. Advances in Water Resources. 2001, V24 (3 - 4): 409 - 421.

[90] Lopez X, Valvatne PH, Blunt M. Predictive Network Modeling of Single-Phase Non-Newtonian Flow in Porous Media [J]. Journ al of Colloid and Interface Science. 2003, 264 (1): 256 - 265.

[91] Valvatne PH, Blunt MJ. Predictive Pore-Scale Modeling of Two-Phase Flow in Mixed Wet Media [J]. Water Resources Research. 2004, 40 (7): W7406.

[92] Talabi O, Alsayari S, Blunt MJ, et al. Predictive Pore-Scale Modeling: From Three-Dimensional Images to Multiphase Flow Simulations [J]. SPE. 2008: 115535.

[93] Dong H, Blunt MJ. Pore-Network Extraction From Micro Computerized Tomography Images [J]. Physical Review E. 2009, 80 (3): 36307.

[94] Talabi O, Alsayari S, Iglauer S. , et al. Pore-Scale Simulation of Nmr Response [J]. Journal of petroleum science & engineering. 2009, 67 (3 - 4): 168 - 178.

[95] Talabi O, AlSayari S, Fernø M, et al. Pore Scale Simulation of NMR response in Carbonates [C]. SCA2008 - 30. Presented at the International Symposium of the Society of Core Analysts held in Abu Dhabi, UAE 29 October-2 November, (2008).

[96] Talabi and M J Blunt, Pore-scale network simulation of NMR response in two-phase flow [J], Journal of Petroleum Science and Engineering , 2010, 72: 1 - 9.

[97] Clennell M B. Tortuosity: a guide through the maze [J]. Geological Society, London, Special Publications, 1997, 122 (1): 299 - 344.

[98] Toumelin E, Torres-Verdín C. Influence of oil saturation and wettability on rock

resistivity measurements: a uniform pore-scale approach [C]. SPWLA 46th Annual Logging Symposium. Society of Petrophysicists and Well-Log Analysts, 2005, 6: 26 - 29.

[99] 孔强夫, 胡松, 王晓畅, 等. 基于数字岩心电性数值模拟新方法的研究 [J]. 非常规油气, 2016, 3 (5): 45 - 53.

[100] Küntz M, Mareschal J C, Lavallée P. Numerical estimation of electrical conductivity in saturated porous media with a 2-D lattice gas [J]. Geophysics, 2000, 65 (3): 766 - 772.

[101] 岳文正, 陶果, 朱克勤. 饱和多相流体岩石电性的格子气模拟 [J]. 地球物理学报, 2004, 47 (5): 905 - 910.

[102] 岳文正, 陶果, 朱克勤. 二维格子气自动机模拟孔隙介质的电传输特性 [J]. 地球物理学报, 2005, 48 (1): 189 - 195.

[103] 岳文正, 李征, 朱克勤, 等. 格子玻耳兹曼方法计算混合物整体电导率 [J]. 地球物理学报, 2005, 48 (2): 434 - 438.

[104] Yue W, Tao G, Chai X, et al. Digital core approach to the effects of clay on the electrical properties of saturated rocks using lattice gas automation [J]. Applied Geophysics, 2011, 8 (1): 11 - 17.

[105] 周灿灿. 复杂碎屑岩测井岩石物理与处理评价 [M]. 石油工业出版社, 2013.

[106] Garboczi E J. Finite element and finite difference programs for computing the linear electric and elastic properties of digital images of random materials [M]. Building and Fire Research Laboratory, National Institute of Standards and Technology, 1998.

[107] Arns C H, Knackstedt M A, Pinczewski M V, et al. Accurate estimation of transport properties from microtomographic images [J]. Geophysical Research Letters, 2001, 28 (17): 3361 - 3364.

[108] Knackstedt M. A., Arns C. H., Sheppard A. P., et al. Archie'S Exponents in Complex Lithologies Derived From 3D Digital Core Analysis [C]. 48th Annual Logging Symposium, 2007, Austin, Texas.

[109] Liu Xuefeng, Sun Jianmeng, and Wang Haitao. Numerical simulation of rock electrical properties based on digital cores. Applied Geophysics 2009, 6 (1), 1 - 7.

［110］ Jiang L, Sun J, Liu X, et al. Study of different factors affecting the electrical properties of natural gas reservoir rocks based on digital cores ［J］. Journal of Geophysics and Engineering, 2011, 8 （2）: 366.

［111］ Zhao Jianpeng, Sun Jianmeng, Liu Xuefeng, et al. Numerical simulation of the electrical properties of fractured rock based on digital rock technology. Journal of Geophysics and Engineering, 2013, 10 （5）: 055009.

［112］ Sun Jianmeng, Zhao Jianpeng, Liu Xuefeng, et al. Pore-scale analysis of electrical properties in thinly bedded rock using digital rock physics. Journal of Geophysics and Engineering, 2014, 11 （5）: 055008.

［113］ 聂昕. 页岩气储层岩石数字岩心建模及导电性数值模拟研究 ［D］. 中国地质大学（北京）, 2014.

［114］ Mora P, Maillot B. （1990, January 1）. Seismic Modeling Using the Phononic Lattice Solid Method. Society of Exploration Geophysicists.

［115］ Mora P, Maillot B. （1991, January 1）. Lattice Boltzman Phononic Lattice Solid （PLS） to Model Seismic P-Waves. Society of Exploration Geophysicists.

［116］ Mora P. The Lattice Boltzmann Phononic Lattice Solid ［J］. Journal of Statistical Physics. 1992, 68 （3 – 4）: 591 – 609

［117］ Buick J M, Greated C A, Campbell D M. Lattice BGK simulation of sound waves ［J］. EPL （Europhysics Letters）, 1998, 43 （3）: 235.

［118］ Raul Del Valle-Garcia. Rayleigh Waves Modeling Using an Elastic Lattice Model ［J］. Geophysical research letters. 2003, V30 （16）: 121 – 124.

［119］ Saidi M, Tabrizi H B, Samian R S. Lattice Boltzmann Modeling of Wave Propagation and Reflection in the Presence of Walls and Blocks ［C］ //Proceedings of the World Congress on Engineering. 2013, 3.

［120］ Garboczi E J, Day A R. An algorithm for computing the effective linear elastic properties of heterogeneous materials: three-dimensional results for composites with equal phase Poisson ratios ［J］. Journal of the Mechanics and Physics of Solids, 1995, 43 （9）: 1349 – 1362.

［121］ Arns C H, Knackstedt M A, Pinczewski W V, et al. Computation of linear elastic properties from microtomographic images: Methodology and agreement between theory and experiment ［J］. Geophysics, 2002, 67 （5）: 1396 – 1405.

［122］ Roberts AP, Garboczi EJ, 2002, Computation of the linear elastic properties of random porous materials with a wide variety of microstructure [J]. Proceedings of the Royal Society of London A 458, 1033 – 1054.

[123] Makarynska Dina, Gurevich Boris, Ciz Radim, et al. Finite Element Modelling of the Effective Elastic Properties of Partially Saturated Rocks [J]. Computers & Geosciences. 2008, V34 (6): 647 – 657.

[124] Ringstad C, Westphal E, Mock A, et al. Elastic properties of carbonate reservoir rocks using digital rock physics [C] //75th EAGE Conference & Exhibition incorporating SPE EUROPEC 2013. 2013.

[125] 张晋言, 孙建孟. 应用数字岩心和有效介质模型研究岩石弹性性质 [J]. 石油天然气学报, 2012, 34 (2): 65 – 70.

[126] 姜黎明, 孙建孟, 刘学锋, 王海涛. 天然气饱和度对岩石弹性参数影响的数值研究 [J]. 测井技术, 2012, 36 (3): 239 – 243.

[127] 孙建孟, 闫国亮, 姜黎明, 崔利凯, 赵建鹏, 崔红珠. 基于数字岩心研究流体性质对裂缝性低渗透储层弹性参数的影响规律 [J]. 中国石油大学学报 (自然科学版), 2014, 38 (3): 39 – 44.

[128] 章海宁, 姜黎明, 张金功, 孙建孟, 屈乐, 樊云峰. 岩石结构对碎屑岩储层弹性参数影响的数值研究 [J]. 兰州大学学报 (自然科学版), 2014, 50 (6): 773 – 778.

[129] 赵建鹏, 孙建孟, 姜黎明, 陈惠, 闫国亮. 岩石颗粒胶结方式对储层岩石弹性及渗流性质的影响 [J]. 地球科学 (中国地质大学学报), 2014, 39 (6): 769 – 774.

[130] 朱伟, 於文辉. CPU-GPU 异构并行计算在数字岩心线弹性静力学有限元模拟中的应用 [J]. 地球物理学进展, 2016, 31 (04): 1783 – 1788.

[131] Dunsmuir J H, Ferguson S R, D'Amico K L, et al. X-ray microtomography [J]. A new tool for the characterization of porous media, Pap. SPE, 1991, 22860.

[132] 张顺利, 李卫斌, 唐高峰. 滤波反投影图像重建算法研究 [J]. 咸阳师范学院学报, 2008, 23 (4): 47 – 49.

[133] 闫国亮, 孙建孟, 刘学锋, 等. 过程模拟法重建三维数字岩心的准确性评价 [J]. 西南石油大学学报 (自然科学版), 2013, 35 (2): 71 – 76.

[134] Schwartz, L. M., Kimminau, S., 1987. Analysis of electrical conduction in the grain consolidation model. Geophysics 52, 1402 – 1411.

[135] 吴玉其, 林承焰, 任丽华, 等. 基于多点地质统计学的数字岩心建模

[J]. 中国石油大学学报（自然科学版），2018，42（3）：12 - 21.

[136] Madadi M, Sahimi M. Lattice Boltzmann simulation of fluid flow in fracture networks with rough, self-affine surfaces [J]. Physical Review E, 2003, 67 (2): 026309.

[137] Yan Y, Koplik J. Flow of power-law fluids in self-affine fracture channels [J]. Physical Review E, 2008, 77 (3): 036315.

[138] 边会媛. 砂泥岩薄互层电性各向异性及薄储层综合评价 [D]. 吉林大学, 2012.

[139] Dullien F A L, Dhawn G K. Bivariate pore-size distribution of some sandstone. Journal of Colloid and Interface Science, 1975, 52 (1): 129 - 135.

[140] 梅文荣, 邓传光. 颗粒运移的计算机模拟 [J]. 1994, 16 (1): 82 - 87.

[141] Piri M, Blunt M. Pore-scale modeling of three-phase flow in mixed-wet systems [C]. Proceedings of the SPE Annual Technical Conference and Exhibition, San Antonio, TX, September, 2002.

[142] Lopez X, Valvatne P H., Blunt M J. Predictive network modeling of single-phase non-newtonian flow in porous media [J]. J. Colloid and Interface Science, 2003, 264 (1): 256 - 265.

[143] 胡雪涛, 李允. 随机网络模拟研究微观剩余油分布 [J]. 石油学报, 2000, 21 (4): 46 - 51.

[144] 侯健, 李振泉, 关继腾, 等. 基于三维网络模型的水驱油微观渗流机理研究 [J]. 力学学报, 2005, 37 (6): 783 - 787

[145] Reeves P C, Celia M A. A functional Relationship between capillary pressure, saturation, and interfacial areas as revealed by a pore-scale network model. Water Resources Research, 1996, 32 (8): 2345 - 2358.

[146] Hilpert M, Miller C T. Pore-morphology-based simulation of drainage in totally wetting porous media. Advances in Water Resources, 2001, 24: 243 - 255.

[147] Sorbie K S, Clifford P J, Jones E R W. The rheology of pseudoplastic fluids in porous media using network modeling [J]. J. Colloid and Interface Science. 1989, 130 (1): 508 - 534

[148] Chatzis I, Dullien F A L. Modeling pore structure by 2-D and 3-D networks with application to sandstones. Journal of Canadian Petroleum Technology, 1977, 16 (1): 97 - 106.

[149] Kwiecien M J, Macdonald I F, Dullien F A L. Three-dimensional reconstruction of porous media from serial section data. Journal of Microscopy, 1990, 159 (3): 343 – 359.

[150] Blunt M, King P. Relative permeability from two-and three-dimensional pore-scale modeling. Transport in Porous Media, 1991, 6: 407 – 433.

[151] Lowry M I, Miller C T. Pore-scale modeling of nonwetting-phase residual in porous media. Water Resources Research, 1995, 31 (3): 455 – 473.

[152] Idowu N A. Pore-Scale Modeling Stochastic Network Generation and Modeling of Rate Effects in Waterflooding [D]. London: Imperial College, 2009.

[153] Zhao H Q, Macdonald I F, Kwiecien M J. Multi-orientation scanning: a necessity in the identification of pore necks in porous media by 3-D computer reconstruction from serial section data. Journal of Colloid and InterfaceScience, 1994, 162 (2): 390 – 401.

[154] Lindquist W B, Lee S M, Coker D, et al. Medial axis analysis of void structure in three-dimensional tomographic images of porous media [J]. Journal of Geophysical Research, 1996, 101B: 8297.

[155] Lindquist W B, Venkatarangan A. Investigating 3D Geometry of Porous Media from High Resolution Images [J]. Phys. Chem. Earth (A), 1999. 25 (7): 593 – 599.

[156] Sheppard A P, Sok R M, Averdunk H. Improved pore network extraction methods [C]. proceedings of International Symposium of the Society of Core Analysts, Toronto, Canada. 2005.

[157] Prodanovic M, Lindquist W B, Seright R S. Porous structure and fluid partitioning in polyethylene cores from 3D X-ray microtomographic imaging [J]. Journal of Colloid and interface Science, 2006. 298: 282 – 297.

[158] Shin H, Lindquist W B, Sahagian D L, Song S R. Analysis of the vesicular structure of basalts. Computers and Geosciences, 2005, 31: 473 – 487.

[159] Baldwin C A, Sederman A J, Mantle M D, et al. Determination and characterization of the structure of a pore space from 3D volume images. Journal of Colloid and Interface Science, 1996, 181: 79 – 92.

[160] Liang Z, Ioannidis M A, Chatzis I. Geometric and topological analysis of three-dimensional porous media: pore space partitioning based on morphological skel-

etonization. Journal of Colloid and Interface Science, 2000, 221: 13 - 24.

[161] Venkatarangan A B. Geometric and statistical analysis of porous media [D]. Stony Brook, State University of New York, 2000.

[162] Silin D, Patzek T. Pore space morphology analysis using maximal inscribed spheres. Physica A, 2006, 371: 336 - 360.

[163] Bryant S, Blunt M. Prediction of relative permeability in simple porous media. Physical Review A, 1992, 46 (4): 2004 - 2012.

[164] Bryant S, Raikes S. Prediction of elastic-wave velocities in sandstones using structural models. Geophysics, 1995, 60: 437 - 446.

[165] Bryant S P, King R, Mellor D W. Network model evaluation of permeability and spatial correlation in a real random sphere packing. Transport in Porous Media, 1993, 11, 53 - 70.

[166] Bryant S L, Mellor D W, Cade C A. Physically representative network models of transport in porous media. AIChE Journal, 1993. 39 (3): 387 - 396.

[167] Bakke S, Øren P E. 3-D Pore-Scale Modelling of Sandstones and Flow Simulations in the Pore Networks [J]. SPE Journal, 1997, 2: 136 - 149.

[168] Delerue J F C, Perrier E. DXSoil, a library for 3D image analysis in soil science. Computers & Geosciences, 2002, 28: 1041 - 1050.

[169] Silin D B, Jin G., Patzek T W. Robust Determination of Pore Space Morphology in Sedimentary Rocks, Paper SPE 84296, Proceedings of SPE Annual Technical Conference and Exhibition, Denver, Colorado, U S A, 2003.

[170] Al-Kharusi A S, Blunt M J. Network Extraction from Sandstone and Carbonate Pore Space Images. Journal of Petroleum Science and Engineering, 2007, 56: 219 - 231.

[171] Dong H. Micro-CT imaging and pore network extraction [D]. London, Imperial College, 2007.

[172] 朱虹. 数字图像处理基础 [M]. 北京: 科学出版社, 2005.

[173] Mason G., Morrow N R. Capillary behavior of a perfectly wetting liquid in irregular triangular tubes. Journal of Colloid and Interface Science, , 1991, 141: 262 - 274.

[174] Zhao X, Blunt M J, Yao J. Pore-scale modeling: Effects of wettability on water-flood oil recovery [J]. Journal of Petroleum Science and Engineering, 2010,

71（3）：169－178.

［175］Markus Hilpert ， Cass T. Miller. Pore-morphology-based simulation of drainage in totally wetting porous media ［J］. Advances in Water Resources. 2001，24：243－255.

［176］刘学锋. 基于数字岩心的岩石声电特性微观数值模拟研究 ［D］. 中国石油大学，2010.

［177］Frisch，U. ，Hasslacher，B. and Pomeau，Y. ，1986，Lattice-gas automata for the Navier-Stokes equation，Phys. Rev. Lett. ，56，1505－1508.

［178］Chen，H. ，Chen，S. and Matthaeus，W. H. ，1992，Recovery of the Navier-Stokes equations using a lattice-gas Boltzmann method，Phys. Rev. A，45，5339－5342.

［179］Ladd，A. J. C. ，1994，Numerical simulations of particulate suspensions via a discretized Boltzmann equation：Part 1. Theoretical foundation，J. Fluid. Mech. ，271，285－309.

［180］Pan C，Hilpert M，Miller C T. Lattice－Boltzmann simulation of two－phase flow in porous media ［J］. Water Resources Research，2004，40（1）.

［181］朱益华，陶果，方伟. 基于格子 Boltzmann 方法的储层岩石油水两相分离数值模拟 ［J］. 中国石油大学学报：自然科学版，2010，34（3）：48－52.

［182］Sukop M C，Huang H，Lin C L，et al. Distribution of multiphase fluids in porous media：Comparison between lattice Boltzmann modeling and micro-x-ray tomography ［J］. Physical Review E，2008，77（2）：026710.

［183］屈乐. 基于低渗透储层的三维数字岩心建模及应用 ［D］. 西北大学，2014.

［184］Shan X，Chen H. Simulation of nonideal gases and liquid-gas phase transitions by the lattice Boltzm ann equa tion ［J］. Phys Rev E，1994，49：2941－2948.

［185］朱益华，陶果等. 基于格子 Boltzmann 方法的储层岩石油水两相分离数值模拟 ［J］. 中国石油大学学报（自然科学版）. 2010，34（3）：48－52.

［186］He X Y，Doolen GD. Thermodynamic Foundations of Kinetic Theory and Lattice Boltzmann Models for Multiphase Flows ［J］. Journal of Statistical Physics. 2002，107：309－328.

［187］向阳，向丹，等. 致密砂岩气藏水驱动态采收率及水膜厚度研究 ［J］. 成都理工学院学报. 1999，26（4）：389－391.

［188］吴海燕. 滩坝砂岩储层测井评价技术研究［D］. 天津大学, 2009.

［189］Han, D. H. , Effects of porosity and clay content on acoustic properties of sandstones and unconsolidated sediments［D］. Stanford University. 1986: 34 – 38.

［190］Hashin Z, Shtrikman S. A variational approach to the theory of the elastic behaviour of multiphase materials［J］. J. Mech. Phys. Solids. 1963, 11（2）: 127 – 140.

［191］Berryman J. G. Mixture theories for rock properties, in a Handbook of physical Constants［M］. Washington : American Geophysical Union1995. 205 – 228.

［192］Berryman, J. G. , Effective medium theories for multicomponent poroelastic composites［J］. Journal of Engineering Mechanics. 2006, 132（5）: 519 – 531.

［193］Cleary M P, Chen I W, Lee S M. Self-consistent techniques for heterogeneous media［J］. J. Eng. Mech. 1980, 106（5）: 861 – 887.

［194］Norris A N. A differential scheme for the effective moduli of composites［J］. Mech Mater. 1985, 4: 1 – 16.

［195］Zimmerman R. W. , (Ed.), Compressibility of sandstones［M］. Elsevier, New York, 1991.

［196］Berryman, J. G. Single-scattering approximations for coefficients in Biot's equations of poroelasticity［J］. J. Acoust. Soc. Am. 1992, 91（2）: 551 – 571.

［197］Gassmann F. , Uber die elastizitat porous media［J］. Vier. der Natur. Gesellschaft in Zurich. 1951, 96（1）: 1 – 23.

［198］Berge P A, Berryman J G, Bonner B P. Influence of microstructure on rock elastic properties［J］. Geophysical Research Letters, 1993, 20（23）: 2619 – 2622.

［199］唐晓明. 含孔隙、裂隙介质弹性波动的统一理论—Biot 理论的推广［J］. 中国科学. 2011, 41（6）: 784 – 795.

［200］Krumblein WC, 1936, The use of quartile meausures in describing and comparing sediments, American Journal of Science, 32, 98 – 111.

［201］Krumblein WC, 1938, Size frequency distributions of sediments and the normal phicurve, Journal of Sedimentary Petrology, 8: 84 – 0.

［202］Trask PD, 1932, Origin and environments of source sediments of petroleum. Gulf Pub. Co. , Houston, 323 pp.

［203］Sohn HY, C. Moreland, The effect of particle size distribution on packing density［J］. Canadian Journal of Chemical Engineering. 1968, 46: 162 – 167.

[204] Zimmer M A. Seismic velocities unconsolidated effects measurements of pressure, sorting and compaction effects [D]. Ph. D. Standford University, 2003.

[205] Michael Batzle, Zhijing Wang. Seismic properties of pore fluids [J]. Geophysics. 1992, 57 (11): 1396 – 1408.

[206] Thomsen L. Weak elastic anisotropy [J]. Geophysics, 1986, 51: 1954 – 1966.